泄水建筑物表面聚氨酯类修复砂浆的耐久性能研究

王瑞骏　李阳　刘海兵　耿鑫辉　著

中国水利水电出版社
www.waterpub.com.cn
·北京·

内 容 提 要

本书是一部系统介绍作者关于泄水混凝土表面聚氨酯类修复砂浆的耐久性能研究成果的专著，探究了水工混凝土表面聚氨酯类修复砂浆及其界面的耐久性能、抗冲击性能及其影响因素，揭示了冻融循环与硫酸盐侵蚀、冻融循环与冲磨等双重作用下砂浆及组合试件界面的耐久性劣化机理，复合侵蚀作用下砂浆与基底混凝土界面的损伤机理，以及孔隙结构及侵蚀产物等微观结构的演变规律。

本书可供从事水工混凝土材料研究的专家学者及从事水工混凝土建筑物设计、施工和运行维护的工程技术人员参考，也可作为普通高等院校水利工程及土木工程类研究生的教学参考用书。

图书在版编目（CIP）数据

泄水建筑物表面聚氨酯类修复砂浆的耐久性能研究 / 王瑞骏等著. -- 北京 : 中国水利水电出版社, 2024. 9.
ISBN 978-7-5226-2836-3

Ⅰ. TV432

中国国家版本馆CIP数据核字第2024AZ0694号

书　　名	**泄水建筑物表面聚氨酯类修复砂浆的耐久性能研究** XIESHUI JIANZHUWU BIAOMIAN JU'ANZHILEI XIUFU SHAJIANG DE NAIJIU XINGNENG YANJIU
作　　者	王瑞骏　李　阳　刘海兵　耿鑫辉　著
出版发行	中国水利水电出版社 （北京市海淀区玉渊潭南路1号D座　100038） 网址：www.waterpub.com.cn E-mail：sales@mwr.gov.cn 电话：（010）68545888（营销中心）
经　　售	北京科水图书销售有限公司 电话：（010）68545874、63202643 全国各地新华书店和相关出版物销售网点
排　　版	中国水利水电出版社微机排版中心
印　　刷	北京中献拓方科技发展有限公司
规　　格	184mm×260mm　16开本　10印张　243千字
版　　次	2024年9月第1版　2024年9月第1次印刷
印　　数	001—200册
定　　价	**68.00**元

前言

目前我国不少泄水建筑物因各种因素作用出现表面开裂、剥落及冲坑损伤甚至破坏等现象，严重威胁泄水建筑物的安全性与耐久性，亟待修复加固。但由于修复界面两侧材料性质的差异性、不连续性及运行环境的影响，往往出现黏结强度低、修复失效等问题。聚氨酯类修复砂浆作为一种新型的修复材料，因其优良的黏结性能、较高的抗渗性能和良好的耐久性能而备受关注。聚氨酯类修复砂浆通过将聚氨酯与其他材料相结合，不仅提高了修复砂浆的力学性能，还增强了其与混凝土基体的黏结强度，从而有效延长了修复后混凝土结构的使用寿命。此外，聚氨酯类修复砂浆还具有施工方便、固化时间短等优点，使其在混凝土结构的快速修复中展现出巨大的应用潜力。然而，聚氨酯类修复砂浆在实际应用过程中，其修复界面的耐久性能仍面临诸多挑战。例如，在复杂的高原环境中，修复界面可能出现开裂、剥落等问题，导致修复效果大打折扣。目前关于聚氨酯类修复砂浆及其修复界面耐久性能的研究多集中于单一影响因素，而针对多重因素耦合作用下的耐久性能及损伤修复等方面的研究还相对缺乏，相应的研究成果还无法完全满足工程要求，关于聚氨酯类修复砂浆及其修复界面耐久性能问题的研究深度和广度亟须加强和深化。因此，深入研究聚氨酯类修复砂浆及其修复界面的耐久性能，对于提高泄水建筑物混凝土结构的修复质量、延长其使用寿命及保证工程质量均具有重要意义。

本书共 8 章。第 1 章介绍了聚氨酯类修复砂浆力学性能及耐久性能的研究现状和修复砂浆与基底混凝土界面的研究现状；第 2 章介绍了部分代表性水电站泄水建筑物修复工程实例；第 3 章介绍了聚氨酯类修复砂浆的耐久性能试验方案；第 4 章介绍了聚氨酯类修复砂浆的耐久性能研究结果，包括抗冲磨、抗冻、抗渗试验等；第 5 章介绍了聚氨酯类修复砂浆的抗冲击性能及其影响因素，并揭示了修复后聚氨酯类修复砂浆—混凝土组合结构在冲击作用下的破坏机理；第 6 章介绍了硫酸盐及冻融复合作用对金属骨料聚氨酯砂浆及其与基底混凝土界面耐久性的影响，宏观特性的演变规律，以及修复界面的微观形貌；第 7 章介绍了冻融与冲磨作用下聚氨酯类修复砂浆及其与基底混凝土界面耐久性能以及修复界面微观损伤；第 8 章介绍了本书的主要研究结论与展望。

本书是在王瑞骏教授及李阳副教授指导研究生胡志耀、张庆军及吴博仁等所完成的学位论文的基础上，由作者进一步修改、补充和完善以后撰写而成的。研究生庄晓隆、黄圆圆及查海昇等参与了部分书稿的整理工作。在此，向他们表示诚挚的谢意！

书中的研究工作得到了西北旱区生态水利国家重点实验室、国家自然科学基金青年科学基金项目“冻融作用下碾压混凝土层面力学性能演变规律及损伤机理研究”（编号：52009110）的联合资助，在此一并表示衷心的感谢！

本书的研究成果得益于前人大量的辛勤工作，前人丰硕的相关研究成果是本书研究成果的坚实基础，在此向所有文献作者一并表示诚挚的敬意和谢意！

虽然作者及研究团队投入了大量精力持续开展泄水建筑物表面聚氨酯类修复砂浆耐久性方面的研究工作，但由于水平和时间有限，书中难免存在不足之处，欢迎各位读者批评指正！

作者

2024 年 7 月于西安

目录

前言

第 1 章 绪论 …… 1
1.1 研究背景与意义 …… 1
1.2 国内外研究现状 …… 2

第 2 章 泄水建筑物表面修复工程实例 …… 5
2.1 龙羊峡水电站泄水建筑物表面修复工程实例 …… 5
2.2 李家峡水电站泄洪建筑物表面修复工程示例 …… 8
2.3 综合分析 …… 11

第 3 章 聚氨酯类修复砂浆的耐久性能试验方案 …… 12
3.1 试验材料 …… 12
3.2 试验方法 …… 19
3.3 试验设备及仪器 …… 34

第 4 章 聚氨酯类修复砂浆的耐久性能 …… 38
4.1 抗冲高速/含砂水流冲磨性能试验 …… 38
4.2 抗冻性试验 …… 39
4.3 抗渗试验 …… 41
4.4 吸水率试验 …… 41
4.5 碳化试验 …… 42
4.6 硫酸盐侵蚀试验 …… 44
4.7 抗氯离子渗透试验 …… 45
4.8 紫外线老化试验 …… 46
4.9 试验结果验证分析 …… 47
4.10 本章小结 …… 48

第 5 章 聚氨酯类修复砂浆及其与混凝土界面的抗冲击性能 …… 50
5.1 抗冲击性能的演变规律及冲击破坏机理 …… 50
5.2 界面微观形态 …… 63
5.3 冲击破坏的预防措施 …… 65
5.4 本章小结 …… 66

第 6 章 干湿—盐冻作用下聚氨酯类修复砂浆与基底混凝土界面的耐久性能 …… 68
6.1 硫酸盐干湿循环及盐冻融循环作用下聚氨酯类修复砂浆的耐久性能 …… 68

6.2 硫酸盐干湿循环及盐冻融循环作用对界面耐久性的影响规律…………………… 77
6.3 干湿循环—盐冻交替作用对界面耐久性的影响规律……………………………… 90
6.4 干湿循环—盐冻交替作用下界面微观损伤机理…………………………………… 99
6.5 本章小结 ……………………………………………………………………………… 103

第7章 冲磨—冻融作用下聚氨酯类修复砂浆与基底混凝土界面的耐久性能………… 105
7.1 冻融与冲磨作用下修复砂浆的耐久性能 ………………………………………… 105
7.2 冻融与冲磨作用下修复砂浆—混凝土界面的耐久性能 ………………………… 116
7.3 修复砂浆—混凝土界面的微观损伤机理 ………………………………………… 142
7.4 本章小结 ……………………………………………………………………………… 146

第8章 结论与展望……………………………………………………………………… 148
8.1 结论 …………………………………………………………………………………… 148
8.2 展望 …………………………………………………………………………………… 149

参考文献 ………………………………………………………………………………… 151

第1章 绪 论

1.1 研究背景与意义

随着我国“一带一路”倡议、“新时代推进西部大开发形成新格局”战略的积极推进，水库大坝的建设得到了迅速的发展。泄水建筑物作为水库大坝的主要组成结构，承担着过水、泄洪的重要作用，是工程安全运行的根本保障。然而，泄水建筑物在长期服役过程中，受水流冲刷、泥沙磨损、侵蚀环境等因素的影响，极易造成混凝土裂缝扩展、表层剥落、性能退化等现象的发生（见图1-1）。我国已建的约9.8万余座水库大都存在着运行时间长、功能老化严重等问题，70%以上工程泄水建筑物存在冲磨等工程病害，严重影响工程的安全稳定运行，造成了巨大的经济损失[1]。因此，开展泄水建筑物修复加固研究既符合国家重大需求，又服务于国家重要战略。

(a)

(b)

图1-1 青海龙羊峡水电站泄水建筑物冲磨破坏现状

用于混凝土修复工程的材料种类繁多，大致可分为水泥基材料、聚合物改性水泥基材料以及纯聚合物材料等几种类型。对于水工建筑物来讲，由于其运行条件和工作环境相对复杂，在选择水工建筑物缺陷处的修复材料时，需要修复材料具备优异的力学性能、抗侵蚀及抗冲磨性能。金属骨料砂浆相较于普通水泥砂浆具有更优异的抗压强度、抗折强度及抗冲磨性等优点，近年来被逐渐应用于建筑行业中。将铁屑、铜渣、钢包渣、电炉镍铁渣等金属废料作为水泥或骨料的替代品掺入砂浆中，既能缓解环境压力，还可以提高砂浆的强度及耐久性；向混凝土中添加钢渣及铜渣等废料可以提高骨料的压缩性和抗腐蚀性，从而提高混凝土的耐久性。位于高寒盐湖区的班多水电站泄洪闸、消力池底板等部位长期与盐溶液接触，使得这些部位的水工混凝土在冻融及硫酸盐等侵蚀下损毁严重，通过运用聚氨酯厂家生产的金属骨料砂浆对其修复并进行现场试验检测，经检测后发现金属骨料砂浆强度高且与混凝土的黏结性较好，修复效果较为理想。

在混凝土修复过程中，修复砂浆应与基底混凝土具有良好的相容性，以确保修复砂浆与基底混凝土之间的协同作用。基底混凝土和修复砂浆之间的界面构成薄弱区域。决定混凝土结构是否成功修复的主要因素是界面特性。在中国西北部地区，混凝土结构的修复和加固时，混凝土结构常遭受冻融与硫酸盐侵蚀，混凝土中微裂缝逐步扩展导致最终破坏，影响该地区水工混凝土加固效果的两个核心问题分别是修复材料与混凝土界面的抗硫酸盐侵蚀性能和抗盐冻融耐久性。因高寒盐湖地区水工建筑物常年与水接触，其水位变化区在冬季会遭受盐冻融循环作用，在夏季又会遭受硫酸盐干湿循环作用，该区域受损的水工混凝土在修复后会受到硫酸盐干湿循环与盐冻融循环交替作用的影响，长此以往，混凝土与修复砂浆界面黏结性能很容易劣化，导致界面抗剪强度显著降低。长期经受冻融循环作用的砂浆—混凝土结构最终因“冻融脱黏”效应导致界面主要发生黏结面破坏模式。对于修复后的混凝土，由于黏结界面较为薄弱，修复后的混凝土在冻融与硫酸盐作用前具有明显的初始缺陷，在经历硫酸盐侵蚀及冻融循环时硫酸盐溶液容易渗入界面处而出现因冻融与硫酸盐双重作用导致的脱黏现象，所以需要对修复砂浆与基底混凝土界面抗冻融及抗硫酸盐性能进行研究。然而，迄今为止，关于修复砂浆—混凝土在硫酸盐侵蚀与冻融多因素作用下的界面耐久性研究极少，因此开展冻融、硫酸盐侵蚀等多因素耦合作用下修复砂浆—基底混凝土界面耐久性试验研究显得尤为重要。

1.2　国内外研究现状

1.2.1　聚氨酯类修复砂浆力学性能及耐久性能

聚氨酯类修复砂浆的研究在国内外均取得了显著进展。传统的修复材料（如环氧砂浆）在实际应用中存在着偏脆、易开裂、不耐腐蚀、对温度敏感、耐久性差等缺点。为了克服这些不足，研究人员开始探索新型聚氨酯类修复材料。这种新型材料不仅展现出优异的力学强度和良好的耐久性，还有着优良的耐温性能和经济性，与混凝土的黏结也相当可靠。

在力学性能方面，聚氨酯类修复砂浆以其高弹性、高强度以及出色的抗裂性能而备受关注。不同的聚灰比、养护剂组成和异氰酸酯含量等对水泥砂浆的强度、压缩性能、回弹性能及老化性能等均有一定影响。Fan et al.[2] 研究了水性脂肪族聚氨酯对混凝土的改性。研究表明，添加适量的水性脂肪族聚氨酯可以改善混凝土的力学性能、耐久性和微观结构。此外，聚氨酯类修复材料还具有良好的抗冲磨和耐冲击性能，能够在恶劣环境下长期保持其性能稳定。

在耐久性能方面，聚氨酯类修复砂浆同样表现出色。许多学者都对新型聚氨酯类修复砂浆的耐久性能进行了研究。Zheng et al.[3] 设计并合成了一种用于水泥基材料的阴离子水性聚氨酯乳液（WPU），将其应用于改性水泥砂浆，发现 WPU 改性水泥砂浆具有更高的抗干缩、抗热膨胀、冻融循环和耐渗水性能，WPU 含量的增加进一步增强了砂浆的耐久性。Jiang et al.[4] 通过扫描电子显微镜（SEM）分析了聚氨酯基聚合物砂浆的微观结构，结果表明，聚氨酯基聚合物砂浆具有较好的抗弯韧性和抗冻融性。

因此，聚氨酯类修复砂浆具有巨大的应用前景。对聚氨酯类修复砂浆的力学性能和耐久性能进行深入研究，对于提高其应用效果、延长混凝土结构的使用寿命具有重要意义。本文旨在通过系统的实验和理论分析，探讨聚氨酯类修复砂浆在不同环境条件下的耐久性能变化规律，以及其在冲磨和冻融循环等复杂耦合环境下的耐久性能表现，为聚氨酯类修复砂浆在实际工程中的应用提供科学依据和技术支持。

1.2.2 修复砂浆与基底混凝土界面的黏结性能

在混凝土修复工程中，常因混凝土与修复砂浆间的界面黏结力失效而导致修复失败。修复材料与基底混凝土的界面为修复体系的薄弱区域，修复界面性能一般弱于修复材料及基底混凝土自身性能，从而出现修复材料与基底混凝土脱黏现象。从微观角度分析，修复材料与混凝土界面处具有骨料和水泥、粉煤灰等胶凝材料的界面过渡区，基底混凝土有着较好的亲水性，在基底混凝土表面上易形成水膜，导致界面处水灰比增高，会大幅降低界面强度；在宏观尺度上，黏结界面附近的基底混凝土的强度降低及黏结界面粗糙度处理时对基底混凝土粗骨料的扰动，会降低界面强度；修复材料与基底混凝土之间存在物理化学性质差异，在冷热交替、冻融及修复材料的收缩而在黏结界面处出现附加应力，诱发初始裂缝。从受力角度分析，基底混凝土中骨料棱角多、骨料表面较为粗糙，且分布较为均匀，而基底混凝土和修复材料界面应力相对集中，出现裂纹的概率大且裂纹扩散曲折的路径较少，所以一旦形成裂纹，在界面处出现应力集中，裂纹加速扩展和传播，修复材料与基底混凝土界面黏结力被削弱，黏结界面首先发生破坏。

修复界面造成的损坏可分为两个过程：第一个过程是基底混凝土和修复材料之间的化学黏结失效；第二个过程是基底混凝土和修复材料之间的滑移。当化学黏结失效时，滑移过程开始。影响第一个过程的主要因素是修复材料和基底混凝土之间的黏结力，而影响第二个过程的重要因素是修复材料自身的性能。因此，选取合适的修复材料和修复界面的良好黏结是成功修复的必要条件。修复材料在修复基底混凝土时会产生嵌入效应，若嵌入效应弱于修复材料或基底混凝土，则结合较弱。基底混凝土和修复材料之界面黏结力包括范德华力和机械咬合力，其中机械咬合力占据主导地位。黏结力失效过程如下：界面缺陷处的微裂纹导致该区域的有效结合和应力集中降低。在荷载作用下，新基底混凝土黏结之间的间隙中的大量微裂缝从稳定裂缝发展为具有集中应力的不稳定裂缝，从而导致裂缝扩展并破坏整个结构。

我国西部许多水利工程建于高寒及盐湖地区，位于此处的水工混凝土会受到不同程度的冻融循环、硫酸盐侵蚀、冲蚀磨损及紫外线老化等损伤破坏，越来越多的国内外学者开始研究多因素耦合作用下混凝土的劣化，究其原因是为了使当地水工混凝土的实际使用情况得到更真实可靠的反馈，其中，硫酸盐侵蚀和冻融循环双重作用作为一种普遍且严峻的耦合劣化变成了近几年研究重点。冻融和硫酸盐干湿侵蚀作用顺序、侵蚀离子浓度等均对混凝土的劣化有影响。另外，粉煤灰、硅灰等的掺量也对混凝土的盐冻耐久性有不同影响。

关于基底混凝土黏结界面在复杂环境下的耐久性研究，现有文献主要集中在单一因素

（如冻融、硫酸盐侵蚀）对界面性能的影响。研究指出，冻融循环次数与界面抗剪、劈拉强度呈负相关，界面粗糙度及添加钢纤维等增强措施可提升抗冻性。类似地，硫酸盐侵蚀会对黏结界面的强度、黏结性能等有不利影响。目前，多因素耦合作用下界面耐久性的研究较少，因此深入探讨多因素耦合作用下界面性能的特点和破坏机理是必要的。

第2章　泄水建筑物表面修复工程实例

泄水建筑物常见的损伤主要包括混凝土开裂、剥落、侵蚀等现象，这些损伤往往由长期的水流冲刷、冻融循环、化学侵蚀等多种因素共同作用导致。这些损伤不仅影响泄水建筑物的外观和使用寿命，还可能对其结构安全构成威胁。为了有效修复这些损伤，保证泄水建筑物的稳定性和耐久性，聚氨酯类修复砂浆作为一种高性能的修复材料，逐渐受到业界的广泛关注。该材料具有良好的黏附性、耐水性、耐腐蚀性以及优异的力学性能，能够紧密贴合混凝土表面，形成强固的修复层。此外，聚氨酯类修复砂浆的界面性能对于修复质量至关重要，它决定了修复层与混凝土基体之间的结合强度和耐久性。

本章旨在通过介绍龙羊峡水电站和李家峡水电站泄水建筑物表面修复案例，说明聚氨酯类修复砂浆在混凝土表面修复中的良好应用效果。通过本章的实例分析，读者将能够更全面地了解聚氨酯类修复砂浆在水利工程修复中的应用价值和技术特点，为其在其他类似工程中的推广和应用提供借鉴。

2.1　龙羊峡水电站泄水建筑物表面修复工程实例

2.1.1　工程概况[5]

1. 泄水建筑物设计标准

龙羊峡水电站位于青海省共和县境内黄河干流上，水电站枢纽由混凝土重力拱坝、左右岸副坝、泄水建筑物、引水建筑物、坝后厂房及厂坝段支撑结构并副厂房等组成。坝顶高程2610m，最大坝高178m，水库正常挡水位2600m，相应库容247亿m^3。厂房装有4台单机容量32万kW的水轮发电机组，总装机容量128万kW，年发电量60亿kW·h。

龙羊峡水电站枢纽为一等工程，洪水设计标准按1000年一遇洪水设计，按可能最大洪水校核，相应的设计及校核洪水流量分别为7040m^3/s及10500m^3/s。经过水库调蓄后出库流量分别为4000m^3/s和6000m^3/s。

2. 泄水建筑物布置

龙羊峡电站枢纽为了满足泄洪、后期导流、向下游供水、电站初期运行、排沙和必要时放空等要求，泄水建筑物分4层布置，即2585.5m的表孔、2540m的中孔、2505m的深孔和2480m的底孔泄水道。

表孔溢洪道位于右岸平台上，共两孔。每孔孔口宽度12m，泄槽末端为窄缝式挑流鼻坎，最大泄量4493m^3/s。

中孔、深孔和底孔泄水道的进口和有压段均布置在主坝坝段内，出坝后其泄槽均沿峡谷两岸布置。中孔位于河床左侧6号坝段内，中孔最大水头60m，最大泄量2203m^3/s。

深孔和底孔分别位于河床右侧12号和11号坝段内。正常挡水水位时，设计水头分别为95m和120m，均为高水头深式泄水建筑物。深孔和底孔的最大泄量分别为1304m^3/s和1498m^3/s。

3. 泄水建筑物工作特点

水头高、流速大是龙羊峡泄水建筑物设计和运行的基本特点。作用在各泄水建筑物上的最大水头和流速见表2-1。除溢洪道外，中孔、深孔和底孔均属坝内深式压力泄水道，鼻坎上的作用水头都在100m以上，泄槽和鼻坎内的最大流速均接近或超过40m/s。本电站又位于高海拔区，大气压强约为标准大气压强的70%。

表2-1 作用在各泄水建筑物上的最大水头和流速

孔口名称	水头/m		流速/(m/s)		
	孔口内最大水头	鼻坎处最大水头	进口流速	出口流速	泄槽最大流速
溢洪道	21.5	107	19.1	22.8	40
中孔	67	114	24.7	30.1	37
深孔	102	122	28.6	38.8	39
底孔	127	141	31.6	42.0	40

2.1.2 泄洪建筑物破坏修复处理[6]

(1) 第一次修复。2018年汛后检查发现中孔及表孔泄水道出现不同程度的水毁破损情况，破坏形式及原因主要包括：底板部位，由于含大量悬移质及推移质的高速水流，对混凝土表面长期冲磨造成的混凝土表面空鼓剥离破坏，如图2-1所示；由于水流形态不好，水流空化，在泄水道边墙产生的冲蚀破坏，如图2-2所示；由于模板缺陷或混凝土配合比不合适及施工不合理等导致的麻面、蜂窝破坏，如图2-3所示。

图2-1 底板混凝土表面空鼓剥离

(a)

(b)

图2-2 泄水道边墙空蚀破坏图

修复材料选择：龙羊峡中孔、表孔泄水道破损修复以环氧砂浆修复为主（主要用于薄层破损修复），以C40微膨胀防裂硅粉混凝土修复为辅（主要用于较深的冲蚀坑、冲槽）。修复施工过程：凿除老混凝土→涂基底液→浇筑修复材料→收面→质量鉴定。

(2) 第二次修复。经过2019年汛期泄水检验、检查发现，泄水建筑物部位仍存在磨蚀、冲蚀破损情况。修复材料选择：主要修复材料采用环氧类（粗骨料砂浆NE-Ⅰ、砂浆NE-Ⅱ、环氧胶泥NE-Ⅲ）材料和聚氨酯类（聚氨酯砂浆RG、聚氨酯混凝土）。修复施工过程：修复部位原始影像资料留取→墨斗弹出规则形状凿除边线→凿除边线检查切缝→采用风镐粗凿→电镐精凿修边→打磨清理→验收→混凝土（砂浆）修复。

1）修复部位原始影像资料留取。记录修复前的现场状况，为后续工作提供对比和参考。使用高清相机或摄像机拍摄修复部位的原始影像，确保图像清晰，包含必要的细节。照片应包含时间、地点、拍摄人等信息，便于追溯和归档。影像资料应全面反映修复部位的原貌，包括破损情况、周边环境等，如图2-4所示。

图2-3　边墙混凝土麻面、蜂窝破坏

图2-4　修复部位原始影像资料

2）墨斗弹出规则形状凿除边线。确定修复区域的精确边界，便于后续凿除工作。使用墨斗和线绳，根据设计或测量要求，在修复部位周围弹出规则的边线，确保边线准确、清晰，无明显偏差。边线应考虑到修复材料的尺寸和形状，确保修复后的美观和功能性。

3）凿除边线检查切缝。检查并确认凿除边线的准确性和完整性，为切缝做准备。沿着墨斗弹出的边线，使用钢尺或直尺等工具进行检查，确保边线没有遗漏或偏差。如果发现边线不清晰或存在偏差，应及时进行修正。准备切割工具（如切割机等），根据墨斗弹出的边线进行切缝操作，确保切缝整齐、平直。

4）采用风镐粗凿。初步凿除修复区域内的破损材料，为精凿做准备。选择合适的风镐和镐头，确保工具完好无损，穿戴好个人防护装备（如安全帽、防护眼镜、防尘口罩等）。沿着切缝线，使用风镐进行粗凿操作，逐步凿除破损材料。注意控制风镐的使用力度和频率，避免对周边材料造成不必要的损伤。冲坑破损严重部位凿除深度为30cm，前期已修补的砂浆凿除保证凿除至原混凝土面，小冲孔、冲毛面凿除深度保持在2～3cm。

5）电镐精凿修边。对粗凿后的区域进行精细凿除和修边，确保修复区域的形状和尺寸符合设计要求。选择合适的电镐和镐头，确保工具锋利、耐用；在粗凿的基础上，使用电镐进行精细凿除和修边操作。注意控制电镐的使用力度和角度，确保凿除面平整、光滑；定期检查修复区域的形状和尺寸，确保符合设计要求。

6）打磨清理。清理修复区域内的残渣和杂质，确保表面干净、平整。使用高压水（风）配合打磨设备（如砂轮机、风动砂轮等）对修复区域进行打磨处理；打磨时应保持设备稳定、操作平稳，避免对周边材料造成损伤；打磨结束后，使用吸尘器或扫帚等工具清理残渣和杂质。检查修复区域表面是否干净、平整，如有必要可重复打磨清理。

7）验收。检查修复工作的质量是否符合要求，确保前期凿除工作达到预期。根据修复标准和设计要求，对凿除基础面进行全面检查，通过验收的凿除基础面方可进行修复。

8）混凝土（砂浆）修复。凿除深度在 3cm 部位采用聚氨酯砂浆进行修复，修复前重新将基础面用高压水（风）清理干净，并做好遮阳防雨措施，再涂刷聚氨酯砂浆界面剂，待用手指触摸时能拉出 10mm 细丝方可进行聚氨酯砂浆抹面，抹面时先对凿除面不平整部位进行找平，再进行大面施工，施工时每层厚度保持在 1～1.5mm，施工完成 24h 后再次涂刷聚氨酯砂浆界面剂进行第二层施工，施工层数根据凿除面深度确定；抹面完成后及时用地膜进行覆盖，防止灰尘落在其表面。

对于其余打磨部位采用聚氨酯砂浆进行抹面找平，施工前先对打磨部位进行高压水（风）清理，冲洗晾干后方可进行聚氨酯砂浆施工。施工时先用聚氨酯砂浆将墙面气孔进行填补，完成后再对整个大面进行抹面找平。聚氨酯胶泥施工分为两层，第一层施工完成 24h 后用角磨机将第一层表面的抹刀印及刮痕打磨清理干净，再进行第二遍施工找平，既保证了施工质量，又保证了外观光滑平整。

2.2　李家峡水电站泄洪建筑物表面修复工程示例

2.2.1　工程概况[5]

1. 泄水建筑物设计标准

李家峡水电站属大（1）型一等工程，工程主要建筑物按Ⅰ级建筑物进行设计。洪水标准按 1000 年一遇洪水设计，10000 年一遇洪水校核。李家峡水电站枢纽入库流量设计标准按龙羊峡水库下泄相应频率 $P=0.1\%$，流量 $Q=4000\text{m}^3/\text{s}$；$P=0.01\%$，$Q=6000\text{m}^3/\text{s}$，再加上龙—李区间相应频率遭遇洪水作为设计和校核流量。李家峡水电站泄水流量见表 2-2。

表 2-2　　李家峡水电站泄水流量

洪水频率		校核洪水	设计洪水（$P=0.1\%$）	常遇洪水	初期渡汛（$P=1\%$）
入库流量/(m^3/s)		7220.0	4940.0	2480.0	4660.0
设计下泄总流量/(m^3/s)		6340.0	4100.0	2480.0	4100.0
相应水位	库水位/m	2182.6	2181.3	2180.0	2153.5
	下游水位/m	2066.37	2061.8	2057.16	2061.8

李家峡水电站枢纽由混凝土双曲拱坝、两岸中、底孔泄水建筑物、坝后机组双排布置电站厂房，两岸灌溉引水孔口，330kV 出线站等建筑物组成。黄河经上游龙羊峡水库调节后，水量稳定，能量指标优越。水库正常蓄水位 2180m，库容 16.5 亿 m^3，正常死水位 2178m，相应调节库容 0.60 亿 m^3，为日、周调节水库。

2. 泄水建筑物布置

李家峡水电站泄水建筑物的布置为：在左岸16号坝段布置左岸中孔，15号坝段布置底孔泄水道，在右岸7号坝段布置右岸中孔泄水道。右中孔泄水道挑流鼻坎为折反式收扩鼻坎，左中孔泄水道挑流鼻坎为翻越式窄缝鼻坎，左底孔泄水道挑流鼻坎为燕尾式导扩鼻坎。各泄水孔与机组组合泄流能力表见表2-3。

表2-3 各泄水孔与机组组合泄流能力表

洪水频率	校核洪水0.01%	设计洪水0.1%	常遇洪水	初期发电
要求下泄量	6340	4100	2480	4100
底孔	1180	1128	1099	878
左中孔	2245	2193	2155	1477
右中孔	2245	2193	2155	1477
机组	700	700	377	300
总下泄量	6370	6214	5786	4132

3. 泄水建筑物工作特点

(1) 水头高，流速大。李家峡水电站最大坝高155m，其泄水建筑物工作的基本特点是运用水头高，流速大。各泄水建筑物的最大作用水头和最大流速详见表2-4。

表2-4 各泄水建筑物的最大作用水头和最大流速

孔	水头/m		流速/(m/s)		
	进口水头	鼻坎处水头	进口流速	压力段出口流速	泄槽内最大流速
左底孔	82.6	111.5	22.6	33.9	40.7
左中孔	62.6	103.1	22.6	29.4	39.9
右中孔	62.6	105.9	23.4	29.1	42.5

(2) 有压段孔口应力及闸墩弧门支撑大梁应力水平高。李家峡工程大坝为高、薄拱坝，坝内孔口应力水平高，由于泄水道运用水头大，工作弧门支撑大梁及闸墩应力水平也相应较高。

(3) 运用水头变幅大。根据水库运用要求，各泄水建筑物运用水头范围为：左底孔29.0～82.6m，左中孔为9.0～62.6m，右中孔为25.0～62.6m。泄水建筑物运用水头变幅大，给泄槽掺气设施和挑流鼻坎体型设计以及下游消能区防护设计带来了很大困难。

(4) 消能区地形地质条件差。消能区河道走向与三孔泄水道泄水时入水方向有一定夹角，且消能河床狭窄，消能区左岸为相对高差约250m的高边坡，且存在方量约220万m^3的松动滑动体。消能区的地形地质条件使泄洪消能设计难度较大。

2.2.2 泄水建筑物破坏修复处理[6]

与龙羊峡水电站类似，李家峡水电站同样前后进行过两次修复处理。

(1) 第一次修复破坏情况。2018年汛后检查发现左、右中孔泄水道出现不同程度的水毁破损情况，破坏形式及原因主要包括：由于水流及其包含杂质冲击导致的聚脲撕裂或脱落，如图 2-5 所示；由于水流形态不好，水流空化而产生的冲蚀破坏，如图 2-6 所示；对混凝土表面长期冲磨造成的混凝土表面空鼓剥离破坏，如图 2-7 所示。

(a)

(b)

图 2-5　边墙底板聚脲撕裂、脱落破坏图

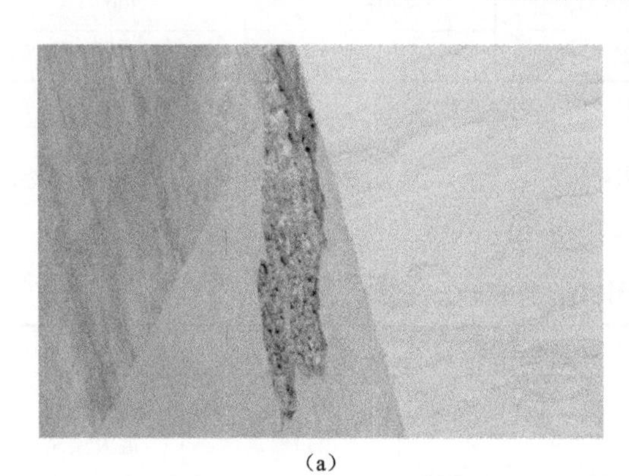

(a)

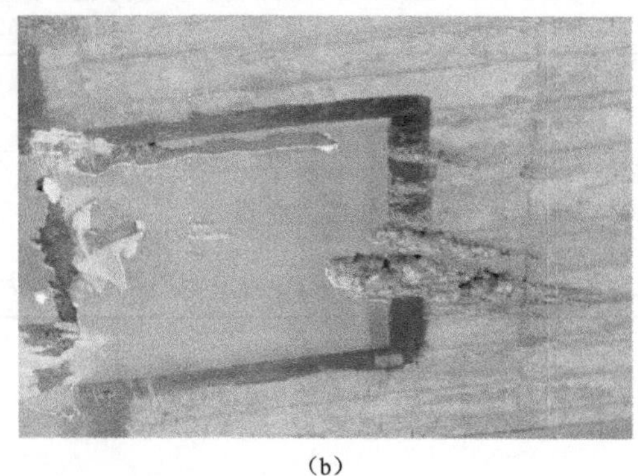

(b)

图 2-6　混凝土表面冲蚀破坏图

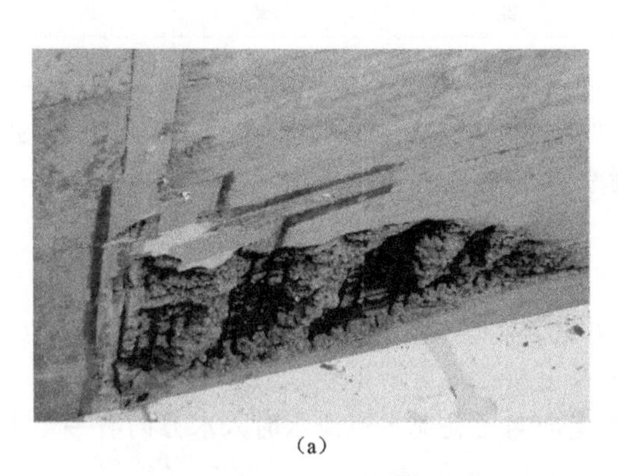

(a)

(b)

图 2-7　边墙混凝土冲槽冲坑破坏图

修复材料选择：泄水道边墙及底板破损处理以环氧砂浆修复为主（主要用于薄层破损修复），C40 微膨胀防裂硅粉混凝土修复为辅（主要用于较深的冲蚀坑、冲槽）。修复施工过程：凿除老混凝土──→涂基底液──→浇筑修复材料──→收面，质量鉴定。

（2）第二次修复破坏情况。经过 2019 年汛期泄水检验、检查发现，泄水建筑物伸缩缝部位仍存在磨蚀、冲蚀破损情况。修复材料选择：与龙羊峡水电站类似，主要修复材料采用环氧类材料和水性聚氨酯类。修复施工过程：与龙羊峡水电站类似，李家峡水电站修复施工工艺同样分为：修复部位原始影像资料留取——→墨斗弹出规则形状凿除边线——→凿除边线检查切缝——→采用风镐粗凿——→电镐精凿修边——→打磨清理——→验收——→混凝土（砂浆）修复。具体实施方案见龙羊峡水电站修复施工过程。

2.3 综合分析[6]

(1) 高速水流是世界性难题，破坏机理复杂，需要不断总结经验完善，在实践中提高，在特定环境下修复材料（抗冲磨性、耐久性等）的选择尤为重要。

(2) 环氧砂浆、C40微膨胀硅粉防裂混凝土及聚氨酯砂浆，在泄水建筑物抗冲耐磨修复材料应用较广，尤其在伸缩缝、掺气坎下游侧边墙等敏感部位。

(3) 严格控制过流面平整度是关键。由于龙羊峡、李家峡水电站是20世纪80、90年代修建的水电站，受限于当时的施工技术和工艺，这两个电站的泄水建筑物流道过流面平整度相对较差。

(4) 聚氨酯修复材料通过现场取样实验室检测和在龙羊峡、李家峡水电站边墙及底板修复、抢修中大面积使用（尤其在伸缩缝、掺气坎下游侧边墙等敏感部位），经过两个汛期泄洪后检查发现抗冲耐磨效果好，内外试验结果也证明其抗冲磨性、耐久性、稳定性、适应性等相对较优。

(5) 边墙伸缩缝处流态复杂，由于永久缝的存在和缝宽的影响，是破坏的敏感部位，该处产生空蚀破坏的问题与缝宽、填缝材料及平整度有关。

(6) 环氧砂浆对施工面的湿度和环境温度比较敏感，基面潮湿和外界温度较低会影响黏结面和砂浆的强度增长速度。尤其在汛期抢修时，在雨雾区作业时要选择有针对性的材料和施工工艺，要求生产厂家细化产品的适应性和针对性。

第3章　聚氨酯类修复砂浆的耐久性能试验方案

随着现代建筑技术的不断发展，对建筑材料耐久性能的要求也日益提高。聚氨酯类修复砂浆作为一种新型的建筑修复材料，因其优异的物理性能和化学稳定性，在建筑修复领域得到了广泛应用。然而，其在实际应用环境中的耐久性能，如抗高速高含沙水流冲磨、抗冻、抗渗、吸水率、碳化、硫酸盐侵蚀、抗氯离子渗透以及紫外线老化等性能，直接决定了其使用寿命和修复效果。因此，对聚氨酯类修复砂浆的耐久性能进行全面系统的研究显得尤为重要。本章将围绕聚氨酯类修复砂浆的耐久性能问题，就其试验研究方案进行分析和论证，以期为后续试验研究工作奠定基础。

3.1　试　验　材　料

3.1.1　聚氨酯砂浆

本书中所涉及的聚氨酯砂浆包括抗冲磨聚氨酯砂浆（RG）、深坑垫层快速修复砂浆（563）、快速固化聚氨酯弹性砂浆（T2900）、抗冲磨金属砂浆（200/300）、抗冲磨金属聚氨酯砂浆（IF）5种新型修复材料。不同修复砂浆的组成及特性如下。

3.1.1.1　抗冲磨聚氨酯砂浆（RG）

Ucrete RG是一种四组分聚氨酯砂浆材料，由Part 1、Part 2、Part 3、Part 4四个组分进行混合制备而成。如图3-1所示，Part 1组分为植物油改性聚醚多元醇水分散体，Part 2组分为具有活性异氰酸酯基官能团的物质，Part 3组分为无机活性骨料，Part 4组分为无机颜料色浆。各组分混合后将同时发生几个固化反应：

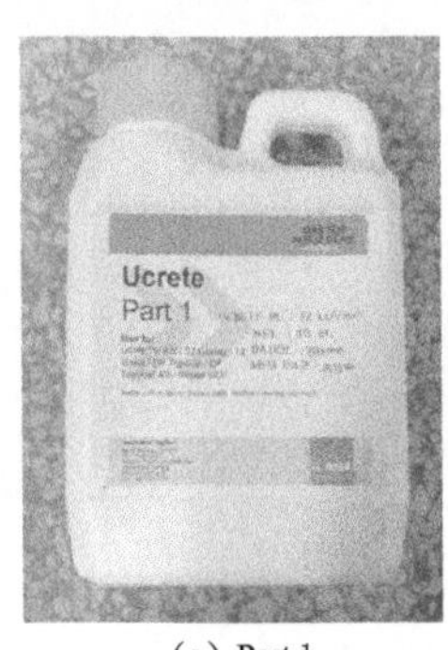

(a) Part 1

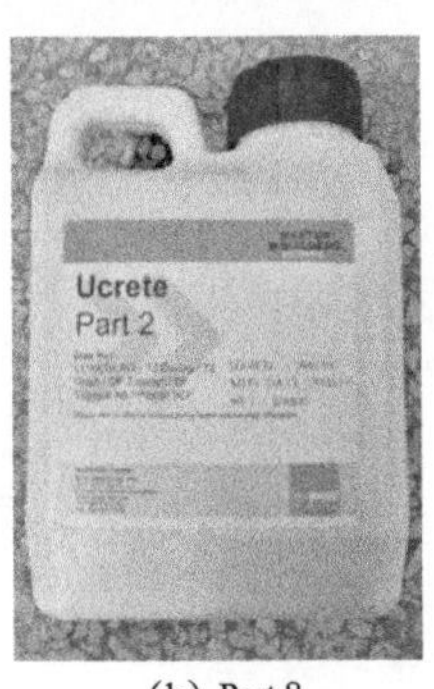

(b) Part 2

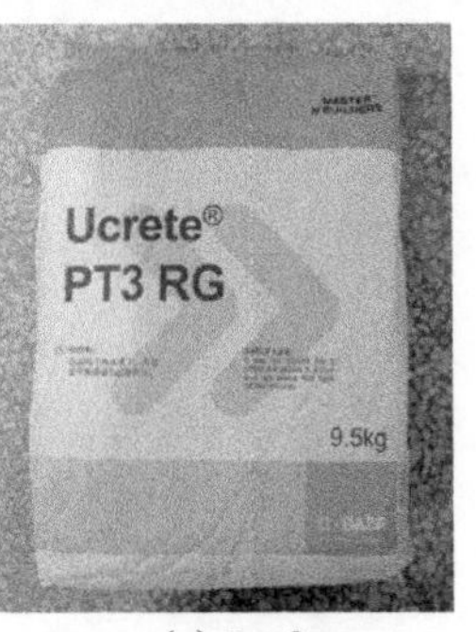

(c) Part 3

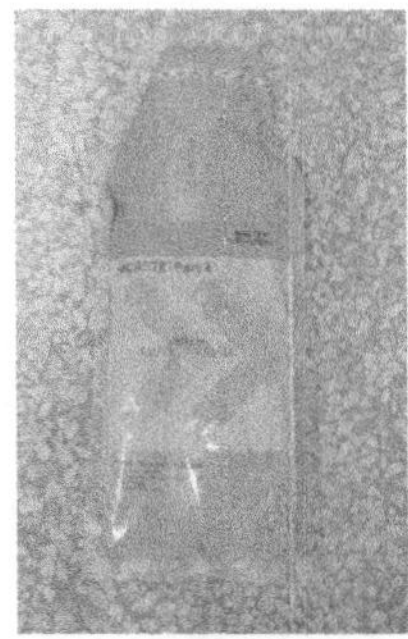
(d) Part 4

图3-1　Ucrete RG型聚氨酯砂浆原材料

(1) Part 1组分中的聚醚多元醇会与Part 2组分中的异氰酸酯进行聚氨酯固化反应。

(2) Part 1 组分中改性植物油的 OH 基会与 Part 2 组分中的异氰酸酯进行固化反应。

(3) Part 1 组分中的水会与 Part 2 组分中的异氰酸酯进行反应生成 CO_2 和脲。

(4) Part 4 组分植物油基料中的 OH 基会与 Part 2 组分中的异氰酸酯进行固化反应。

(5) Part 1 组分中的水会与 Part 3 组分中的无机活性骨料进行胶结固化反应。

将上述 Part 1、Part 2、Part 3、Part 4 四个组分混合，会同时发生多种化学反应，得到高性能的聚氨酯复合产品。在此过程中，各原料之间的反应会产生大量热量从而使整个系统的温度迅速上升，聚氨酯砂浆可以在很短的时间内投入使用。按照巴斯夫厂家资料和实际工程应用经验，RG 的适宜配合比为：Part 1：Part 2：Part3：Part4＝0.71：1.09：9.5：0.5。

RG 的特性及优点如下：

(1) 具有优良的抗化学腐蚀、抗重度冲击、抗渗、抗高温能力。

(2) 无溶剂、无污染。

(3) 含有经过特殊处理的金属骨料，地面的耐磨性极高。

(4) 使用寿命长，维护成本低。

(5) 可以用蒸汽清洁。

(6) 可使用在龄期达 7d 的混凝土或 3d 的聚合物改性砂浆上。

(7) 无需底涂，可实现快速安装。

砂浆的拌和及成型方法如下。

原材料长期放置会出现沉淀分层现象，使用前先将 Part 1、Part 2 和 Part 4 摇晃振荡，使液体材料分散均匀，然后按 Part 1：Part 2：Part 3：Part 4＝0.71kg：1.09kg：9.50kg：0.50kg 的质量配合比对原材料进行称量，随后将 Part 1、Part 2 和 Part 4 三种液体材料倒入拌和桶中，使用搅拌机将三种液体材料进行搅拌，搅拌 2～3min 直至三种液体组分完全混合，颜色均匀一致，再将称量好的 Part3 固体粉剂倒入搅拌桶中再进行搅拌，均匀搅拌 5～6min 直至颜色均匀且没有局部浆料残留和砂浆堆积的情况。参照 DL/T 5126—2021《聚合物改性水泥砂浆试验规程》[7] 中规定的成型养护方法，试模尺寸按不同的试验方式参照相关规范进行选取。砂浆分两次装入试模，先装入试模的 1/2，用捣棒插入捣实，然后倒去第二层砂浆。捣棒顶部插入第一层砂浆约 4mm，每层插入捣实 15 次。最后砂浆约高出试模 5mm，高出试模的砂浆用镘刀压实找平并将表面轻轻抹平，3～6h 聚氨酯砂浆即可固化，固化后将成型的聚氨酯砂浆试件从模具中取出。由于聚氨酯砂浆固化主要为聚氨酯化学反应，水泥等胶凝材料仅占约 15%含量，因此对养护湿度没有特别要求，放置室内试验室环境养护即可。

3.1.1.2 EVA 改性水泥基砂浆

EVA 改性水泥基砂浆为德国巴斯夫厂家生产的 MasterTop 563 砂浆。MasterTop 563 砂浆是一种单组分聚合物改性水泥基粉末，其主要组分为骨料（石英砂）、胶凝材料（水泥）、有机黏结剂（EVA，其 VA 含量 50%）和早强剂等，其密度为 2100kg/m^3。使用时按照砂浆：水＝10：1 的比例搅拌生成乳脂状、稠密型拌和物。

EVA 制备方法参照聚氨酯产品说明进行，拌和前后的形态如图 3－4 所示，具体制备步骤如下：

(1) 按照砂浆：水＝10：1 的比例分别称取砂浆和水。

(2) 取大约4/5的水放入干净的搅拌桶中，使用电动水泥砂浆搅拌器，另一边搅拌一边将砂浆倒入，搅拌成为无结块的混合物。

(3) 将剩余的水加入，继续搅拌，直到形成均质的混合物。

EVA砂浆拌和前后如图3-2所示。

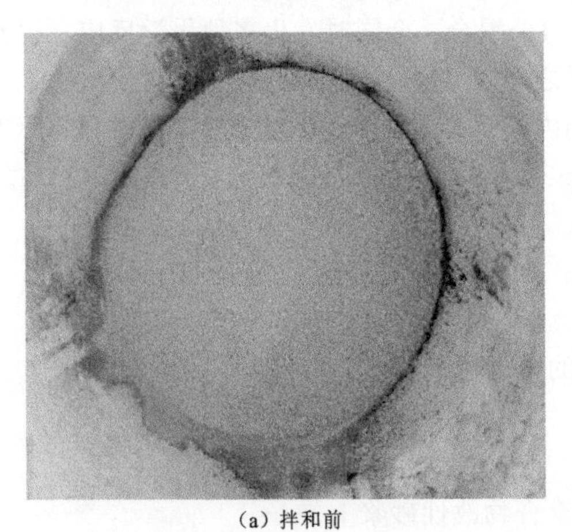

(a) 拌和前

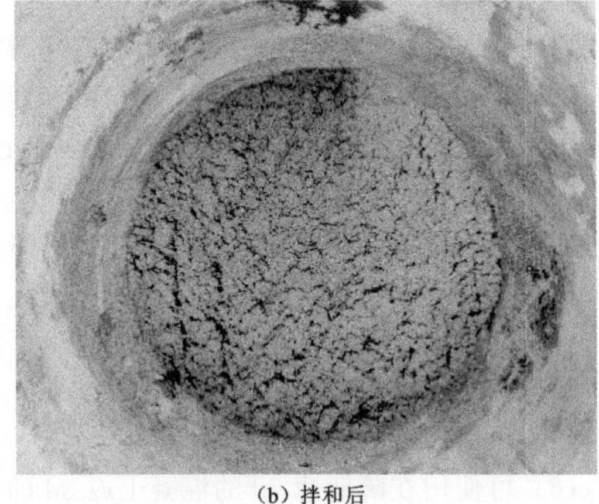

(b) 拌和后

图3-2 EVA砂浆拌和前后示意图

3.1.1.3 深坑垫层快速修复砂浆(563)

563砂浆是一种单组分，聚合物改良的水泥基粉末。它与水结合产生乳脂状、稠密型、容易施工、无伸缩黏结找平砂浆，单层施工厚度为10～50mm。按照巴斯夫厂家资料和实际工程应用经验，该种材料的适宜配合比为：563砂浆：563粉体：水=10：1。

563砂浆的特性及优点如下：

(1) 预混合只需用水混合，避免批次之间的差异，快速混合。

(2) 在3d之内可施工，减少施工周期。

(3) 有较好的耐候性、防冻性，室内室外均可使用。

(4) 收缩补偿较好，室内室外均可使用。

(5) 具有优秀的强度，可承受交通载荷。

(6) 早期强度高，可快速使用，1d后就可以行走。

3.1.1.4 抗冲磨金属砂浆(200/300)

200砂浆是预先混合、找平时可用的粉状材料，干撒在新混凝土或地面砂浆上，可以获得极强的耐磨性能、含金属骨料的整体面层。产品包含特殊加工的金属骨料，可以形成平整光滑或防滑的地面效果。推荐用于工业和商业建筑的地面需要承受重型、繁忙的交通(叉车、带钢轮的交通工具等)；需抗冲击的工业地面、精密机械区域的地坪，例如辗磨、研磨和其他表面涂料处理的区域；停车场和负载平台，例如装配车间和机械工程车间等。按照巴斯夫厂家资料和实际工程应用经验，该种材料的适宜配合比为：200砂浆：200粉体：水=10：1。

200砂浆的特型及优点如下：

(1) 高度耐磨、抗冲击性好，停工时间短容易清洗，更能抵抗油和油脂的侵入。

(2) 耐磨损性能较好，防尘效果好，可降低精密生产区域灰尘的干扰。

(3) 表面质地和颜色的选择性大，表面的光滑度和颜色能满足使用的需要。

300 砂浆是一种专门为具有超重负荷、耐磨、耐冲击的地面要求所设计的耐磨工业地坪。它可用于旧混凝土地面、已完全凝固的混凝土地面或新建混凝土，其使用寿命，比一般高强度混凝土或特殊矿物骨料耐磨地坪使用寿命要长得多。按照巴斯夫厂家资料和实际工程应用经验，该种材料的适宜配合比为：300 砂浆：300 粉体：水＝10：1。

300 砂浆的特型及优点如下：

(1) 具有良好的抗冲击力、抗磨损、长寿命。

(2) 低吸油、油脂和水。

(3) 高性价比。

(4) 施工简便、有颜色。

金属砂浆制备方法参照聚氨酯产品说明进行，拌和前后的形态如图 7－2 所示，具体制备步骤如下：

(1) 按照砂浆：水＝10：1 的比例分别称取砂浆和水。

(2) 将水放入搅拌容器中，一边搅拌一边将砂浆粉末缓慢倒入，直至达到均匀的砂泥效果。

金属砂浆拌和前后如图 3－3 所示。

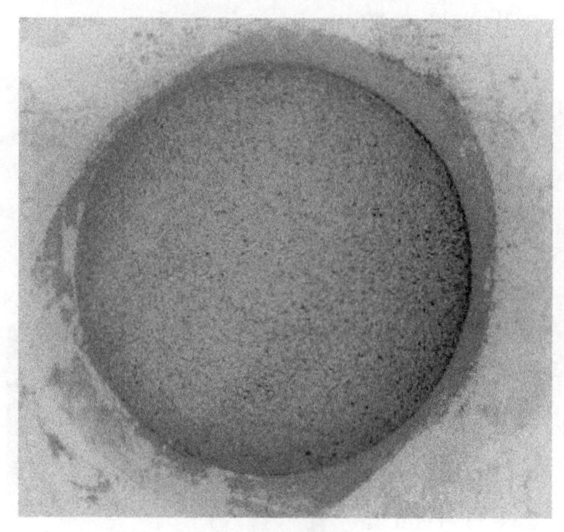
(a) 拌和前

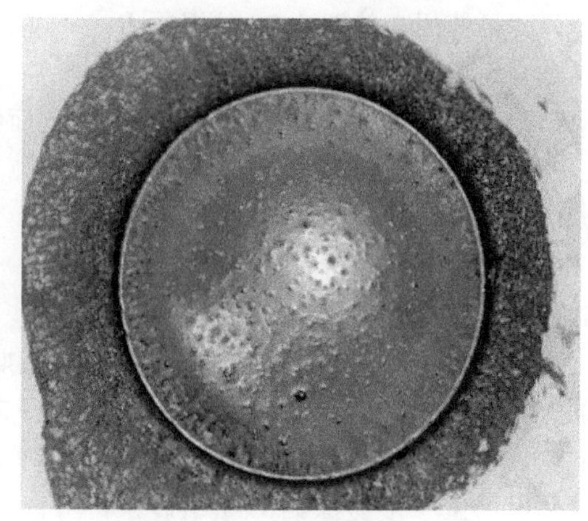
(b) 拌和后

图 3－3 金属砂浆拌和前后示意图

3.1.1.5 快速固化聚氨酯弹性砂浆 (T2900)

T2900 砂浆是一种是含有特殊骨料的双组分聚氨酯砂浆，由 A、B、C 三组分混合制备而成，如图 3－4 所示。按照巴斯夫厂家资料和实际工程应用经验，该种材料的适宜配合比为：Part A：Part B：Part C＝2.2：4.3：32.6。

T2900 砂浆的特性及优点如下：

(1) 经久耐用，属于此产品在各种气候中和广泛的结构应用中已成功安装了数千米。实践证明，其使用年限远较钢纤维混凝土长。

(2) 用途广泛，可运用于新旧建筑物，可连接于混凝土，钢制品，铝制品表面。

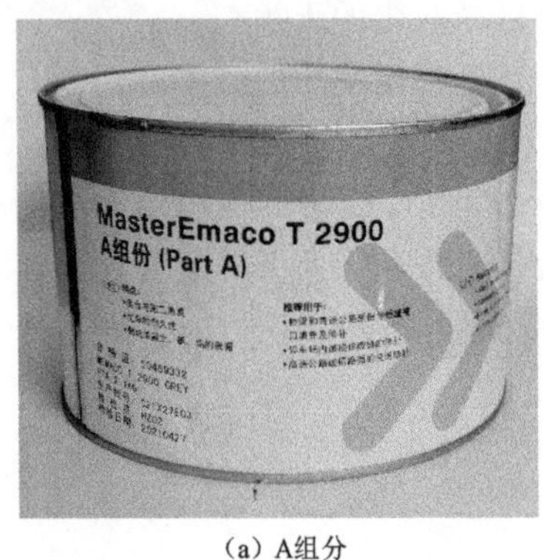

(a) A组分

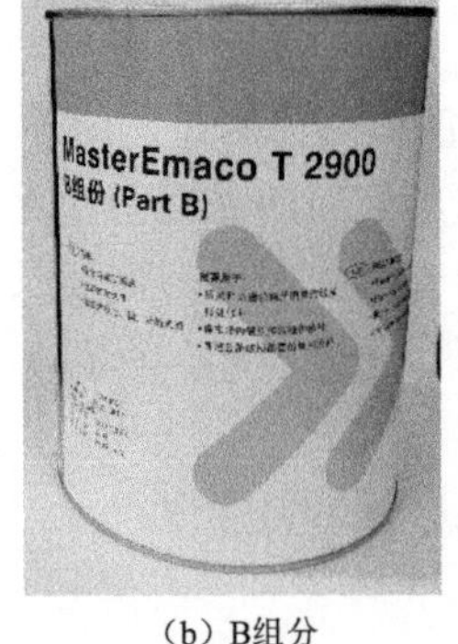

(b) B组分

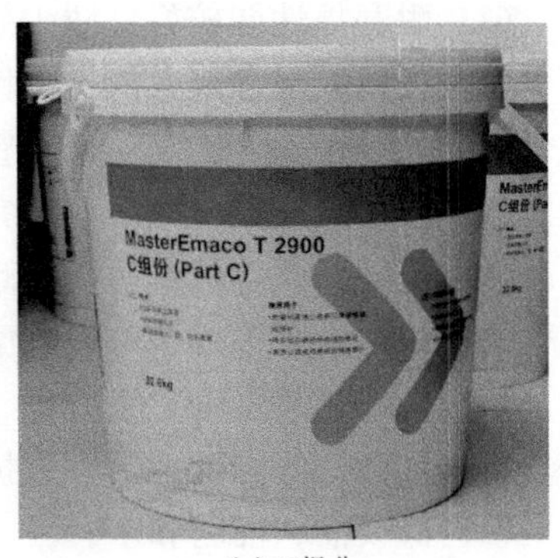

(c) C组分

图 3-4　T2900 型聚氨酯弹性砂浆原材料

3.1.1.6　抗冲磨金属聚氨酯砂浆（IF）

IF 是一种极其坚硬的地坪材料，能够抵御极端冲击和磨蚀。表面有金属骨料，致密且不渗透的，可防止严重磨损，可用于废物处理、重型工程和制造行业以及其他需要坚固耐用地坪的场所。按照巴斯夫厂家资料和实际工程应用经验，该种材料的适宜配合比为：Part 1∶Part 2∶Part3∶Part4∶Part5＝2.37∶2.86∶17.3∶0.5∶12.5。

IF 的特型及优点如下：

（1）可使用在龄期达 7d 的混凝土或 3d 的聚合物改性砂浆上。

（2）无溶剂、无污染。

（3）含有经过特殊处理的金属骨料，地面的耐磨性极高。

（4）使用寿命长，维护成本低。

（5）可以用蒸汽清洁。

（6）无须底涂，可实现快速安装。

3.1.2　界面黏结剂

本书中所涉及的界面黏结剂采用德国巴斯夫股份公司生产的 MasterTop 562 砂浆制备而成，如图 3-5 所示。MasterTop 562 是一种单组分，聚合物改性的水泥基粉末状产品，与水拌和后产生一个易涂刷的黏结砂浆，可以形成具有牢固黏结力的水泥基涂层。

图 3-5　MasterTop 562 型界面剂

界面黏结剂制备方法参照聚氨酯产品说明进行，具体步骤如下：

（1）按照黏结剂粉末：水 5∶1 的比例分别称取黏结剂粉末和水。

（2）将称好的水放入搅拌容器中，一边缓慢加入黏结剂粉末，另一边低速搅拌，直到形成一个无结块的均质混合物。

（3）继续搅拌，并加入第二次水（不超过第一次加水量的 20%），搅拌至少 3min，直到形成一个可涂刷的均质砂浆。

3.1.3 混凝土

3.1.3.1 聚氨酯类修复砂浆—基底混凝土组合试件中的基底混凝土

基底混凝土具体配合比见表3-1。

表3-1 基底混凝土配合比

强度等级	W/C	水 /(kg/m³)	水泥 /(kg/m³)	粉煤灰 /(kg/m³)	粗骨料 /(kg/m³)	细骨料 /(kg/m³)	减水剂 /%	引气剂 /%
C40	0.4	146	317	49	1234	691	0.96	0.027

水泥采用P.O 42.5硅酸盐水泥，其主要物理化学性能见表3-2。

表3-2 P.O 42.5硅酸盐水泥材料性能

强度等级	主要化学成分/%			初凝时间 /min	终凝时间 /min	抗压强度/MPa		密度 /(g/cm³)	安定性
	CaO	SiO_2	Al_2O_3			3d	28d		
P.O 42.5	58.53	24.73	4.48	22.8	43.6	213	280	3.16	合格

在混凝土中掺加粉煤灰节约了水泥用量，减少了用水量，改善了混凝土拌和物的和易性，提高混凝土服役性能。本试验采用了大唐电厂生产的粉煤灰，其性能见表3-3。

表3-3 粉煤灰材料性能

密度 /(g/cm³)	比表面积 /(g/cm³)	标准稠度 /%	吸水量 /%	细度 /%	烧失量 /%	主要化学成分/%			
						SiO_2	Al_2O_3	Fe_2O_3	CaO
2.3	3600	35	110	20	4.2	50.6	27.1	7.1	2.8

粗骨料在混凝土中起骨架作用，碎石是混凝土中常用的粗骨料，本试验采用的粗骨料级配曲线如图3-6所示。

细骨料是一种直径相对较小的骨料，在混凝土中主要起填充作用。本试验中细骨料选取于渭河的天然河砂，级配曲线如图3-7所示。

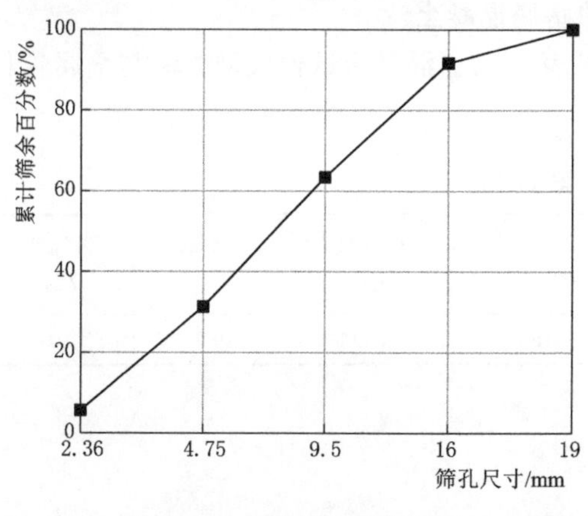

图3-6 粗骨料碎石的级配

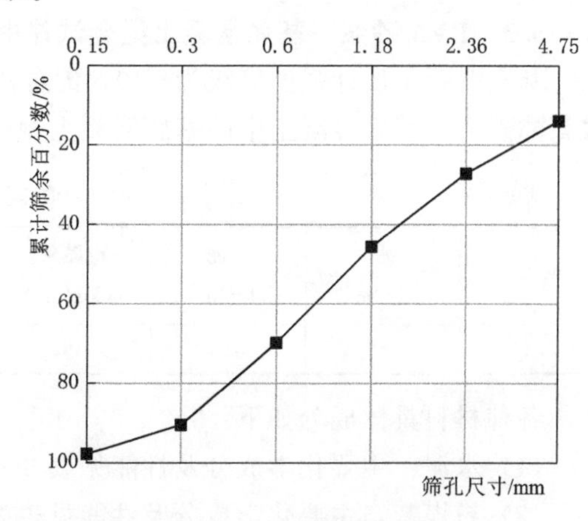

图3-7 砂的级配曲线

减水剂：采用陕西秦奋建材有限公司生产的高效减水剂。

引气剂：采用陕西秦奋建材有限公司生产的高效引气剂。

水：采用西安市自来水。

混凝土的成型及养护参考 DL/T 5150—2017《水工混凝土试验规程》[8] 规范，具体操作流程如下：

（1）选用直径 150mm、高 45mm 的圆柱体模具，并在其内壁均匀刷一层矿物油。

（2）按配料表称取水泥、粉煤灰、细骨料、粗骨料。

（3）倒入混凝土搅拌机中搅拌 2min。

（4）按配料表称取水、减水剂、引气剂，并将称好的减水剂和引气剂加入水中搅拌均匀。

（5）将混合液体倒入混凝土搅拌机再搅拌 3min。

（6）测试混凝土的坍落度以及和易性。

（7）装入涂好油的模具中。

（8）在振动台振捣 30s 直到混凝土表面出浆且无明显大气泡溢出为止。

（9）覆膜养护，24h 后脱模，然后放入混凝土标准养护箱中养护 28d。

3.1.3.2　金属骨料聚氨酯砂浆—基底混凝土中的基底混凝土

基底混凝土设计强度等级为 C40，组成参见表 3-1。混凝土试件成型方法与聚氨酯修复砂浆—基底混凝土组合试件中的基底混凝土相同，仅将模具改为 100mm×100mm×100mm 的三联模具。

原材料除粉煤灰外均与聚氨酯修复砂浆—基底混凝土组合试件中的基底混凝土原材料相同。粉煤灰采用大唐电厂生产的Ⅱ级粉煤灰，物理化学性能见表 3-4。

表 3-4　粉煤灰材料性能

密度 /(g/cm³)	比表面积 /(g/cm³)	吸水量比 /%	细度 /%	烧失量 /%	主要化学成分/%			
					SiO_2	Al_2O_3	Fe_2O_3	CaO
2.1	3400	102	18	3.60	56.6	21.3	7.6	4.2

3.1.3.3　EVA 砂浆—基底混凝土组合试件中的基底混凝土

基底混凝土设计强度等级为 C40，配合比见表 3-5。混凝土试件成型方法与金属骨料聚氨酯砂浆—基底混凝土中的基底混凝土相同。

表 3-5　基底混凝土配合比

W/C	水 /(kg/m³)	水泥 /(kg/m³)	粉煤灰 /(kg/m³)	粗骨料 /(kg/m³)	细骨料 /(kg/m³)	减水剂 /%	引气剂 /%
0.45	165	317	49	1500	700	0.9	0.03

各种材料具体成分如下：

（1）水泥：主要化学成分及性能见表 3-2。

（2）粉煤灰：主要化学成分及性能见表 3-3。

（3）细骨料：采用细度模数为 2.75 的天然河砂。

（4）粗骨料：采用连续级配的碎石（粒径 5～25mm）。

(5) 外加剂：采用山东宏祥建筑生产的高效减水剂以及陕西秦奋建材生产的三萜皂甙引气剂。

3.2 试 验 方 法

3.2.1 试件成型

3.2.1.1 冲击试件成型

1. 基底混凝土及聚氨酯修复砂浆试件的制备

按3.1节进行基底混凝土试件的制备，试件为直径150mm、高45mm圆柱体混凝土试件。

按3.1节规定的配合比进行聚氨酯修复砂浆试件的制备，试模为直径150mm、高45mm的圆柱体试模。

2. 聚氨酯修复砂浆—基底混凝土组合试件的制备

混凝土试件养护成型后，用混凝土切割机沿成型面将混凝土由试件中心切割成两半。使用切槽机以及采用灌砂法控制基底混凝土界面粗糙度，使用烘干箱和真空饱水机得到不同饱水度条件下的基底混凝土试件。

试验采用的SHBY-90B型标准恒温恒湿养护箱，主要用于混凝土试件的标准养护。温度控制仪精度：20℃±1℃；温度精度：≥95%。

试验采用的NJ-BSJ型混凝土全自动真空饱水机，主要用于混凝土试件的饱水处理。

试验采用的真空干燥箱，主要用于聚氨酯修复砂浆的干燥处理。使用温度范围：RT+10～250℃；使用真空度范围：<133Pa。

具体的操作步骤如下：

(1) 基底混凝土的界面粗糙度处理。针对基础混凝土粗糙度处理的方法多种多样，常见的有高压水射法、喷砂法、人工凿毛法、钢丝刷清理法、酸侵蚀法、自然劈裂法和切槽法等。本书切槽法，具体操作如下：采用相同的切割深度15mm，通过控制不同的切槽间距来达到不同的界面粗糙度；采用手持式磨光机切割工具，根据槽口深度和间距的大小选择合适的切割盘；将切割后的混凝土表面清理干净，去除切割残留物和尘土等；混凝土表面经过切割处理后需要进行养护，保持表面湿润和避免晒干。使用切槽机将基底混凝土表面处理成A、B、C、D四种不同的粗糙度。将切割后的混凝土表面清理干净，放入养护箱中养护备用。

采用灌砂法对界面粗糙度进行表征，如图3-8所示。该方法需要测试的混凝土表面干燥、平整、无凹凸不平的部分。砂子采用标准砂，通过对灌砂的体积进行测量，灌砂的平均深度即为界面粗糙度。灌砂平均深度按式(3-1)进行计算：

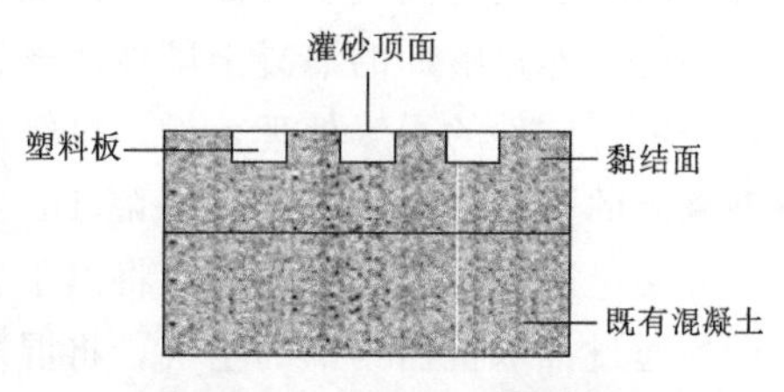

图3-8 灌砂法示意图

$$\overline{y}=\frac{V}{S} \tag{3-1}$$

式中　$\overline{y}$——灌砂平均深度，mm；

V——标准砂体积，mm^3；

S——界面黏结面积，mm^2。

根据灌砂法将基底混凝土表面处理成Ⅰ、Ⅱ、Ⅲ、Ⅳ四种不同粗糙度，如图3-9所示。粗糙度Ⅰ的混凝土界面粗糙度为0，粗糙度Ⅱ的混凝土界面粗糙度为1.5mm，粗糙度Ⅲ的混凝土界面粗糙度为3mm，粗糙度Ⅳ的混凝土界面粗糙度为4.5mm。

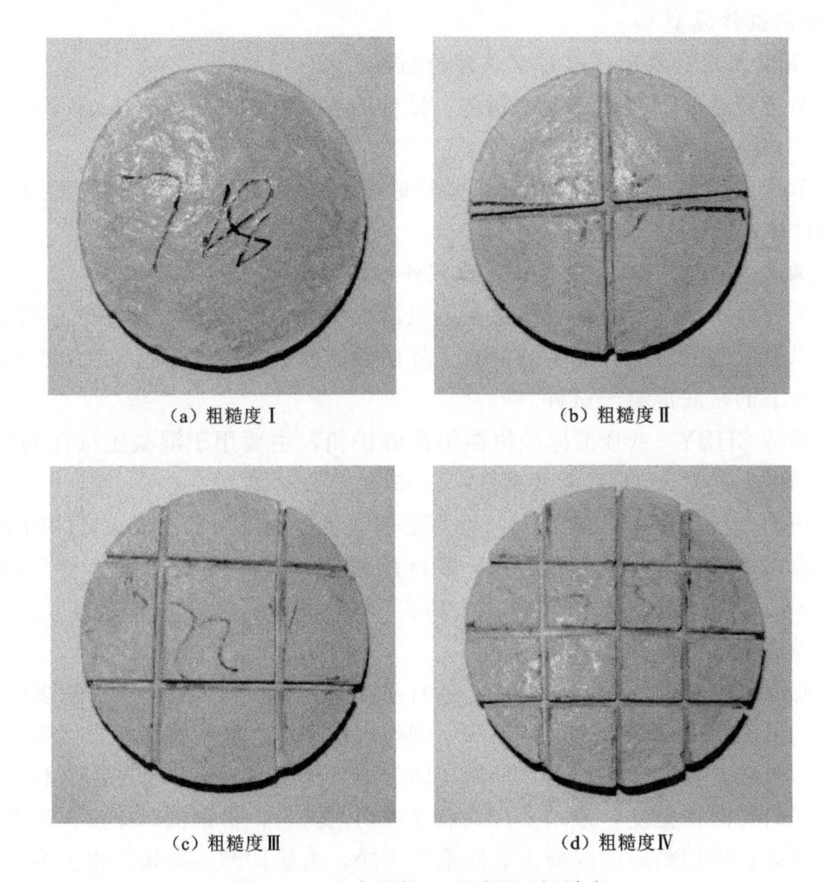

(a) 粗糙度Ⅰ　(b) 粗糙度Ⅱ　(c) 粗糙度Ⅲ　(d) 粗糙度Ⅳ

图3-9　基底混凝土不同界面粗糙度

(2) 基底混凝土饱水度处理。本试验采用烘干箱烘干试件，真空饱水机饱水的方法以获得不同饱水度的混凝土界面。具体试验操作如下。

将达到养护龄期的混凝土试件从养护箱中取出，擦净试件表面水分。将其放置在烘箱中，先进行试件的干燥处理，设定烘箱温度为90℃，设定烘干时间为24h，烘干结束后测量混凝土的重量。继续烘干，每隔1h取出混凝土进行称重，直至混凝土质量不再变化，记录混凝土质量，关闭烘干箱。将烘干后混凝土试件放置在真空饱水机中，真空饱水机的原理是通过抽取机器内部的空气，将混凝土试件表面的空气替换成水分，从而实现试件的饱水。设定真空度在60～90kPa，设定饱水时间一般为3h，饱水处理3h后取出混凝土试件，测试其重量。随后重复上述步骤2～3次，直到混凝土试件质量不再发生变化，记录混凝土质量，关闭真空饱水机。

按照式（3-2）计算混凝土饱水度。即

$$W=\frac{m_i-m_d}{m_w-m_d}\times 100\% \tag{3-2}$$

式中 W——混凝土饱水度；

m_i——饱水度为 W 时混凝土的质量，kg；

m_d——饱水度为 0 时混凝土的质量，kg；

m_w——饱水度为 100%时混凝土的质量，kg。

根据式（3-3）可以得出不同饱水度下的基底混凝土的质量 m_i。即

$$m_i=\frac{W(m_w-m_d)}{100\%}+m_d \tag{3-3}$$

式中各项物理量同式（3-2）。

不同饱水度下的基底混凝土如图 3-10 所示。按照式（3-2）、式（3-3）计算出目标饱水度下基底混凝土的质量见表 3-6。

（a）0饱水度　（b）30%饱水度

（c）70%饱水度　（d）100%饱水度

图 3-10　不同饱水度下的基底混凝土界面

表3-6　　不同饱水度下基底混凝土的质量

目标饱水度		WⅠ（干基）	WⅡ	WⅢ	WⅣ（饱水）
基底混凝土质量/g	0mm粗糙度	1812	1821	1833	1842
	1.5mm粗糙度	1777	1787	1799	1809
	3.0mm粗糙度	1651	1662	1676	1687
	4.5mm粗糙度	1618	1628	1642	1652
饱水度/%		0	30	70	100

（3）抗冲击组合试件制备。组合试件制备具体步骤如下：取掉基底混凝土密封的保鲜膜，将其放入直径150mm、高75mm的钢模中，基底混凝土粗糙度界面朝上。按照本书第三章中的聚氨酯修复砂浆的配合比及制备方法拌制修复砂浆，并浇筑在基底混凝土上层，修复砂浆的尺寸根据修复层厚不同分别为ϕ150mm、高10mm，ϕ150mm、高20mm，ϕ150mm、高30mm。试件成型好后，12h后拆模，然后在室温下干燥养护至规定龄期，成型后的试件如图3-11所示。

(a) h_0=10mm

(b) h_1=20mm

(c) h_2=30mm

图3-11　不同修复层厚下的组合试件形态

3.2.1.2　干湿—盐冻组合试件成型

1. 基底混凝土粗糙度处理

粗糙度处理方法与抗冲击试件的处理方法一致，但改为采用2.78mm的界面粗糙度开展黏结强度试验。经计算，本试验测定的标准砂体积为27.8mL，灌砂平均深度为2.78mm，即界面粗糙度为2.78mm，符合设计要求。处理后的基底混凝土如图3-12所示。

2. 组合试件制作

（1）制作Ucreat IF型金属骨料聚氨酯砂浆—基底混凝土组合试件时，将28d龄期的基底混凝土置于100mm×100mm×100mm的三联钢模中，黏结面需朝上，将拌制完成的Ucreat IF型金属骨料聚氨酯砂浆浇筑于基底混凝土上方，12h后拆模然后在实验室（23℃±2℃）环境中养护至28d。金属骨料聚氨酯砂浆—基底混凝土组合试件制备过程如图3-13所示。

（2）制作MasterTop 300型金属骨料砂浆—基底混凝土组合试件时，先将28d龄期的基底混凝土试件提前置于水中浸泡1d，之后放置于100mm×100mm×100mm的三联钢模中；配置界面黏结剂，拌制完成后均匀涂抹在湿润的基底混凝土黏结面上，如图3-14（a）所示。拌制MasterTop 300型金属骨料水泥基砂浆并浇筑于涂好界面剂的基底混凝土上方，如图3-14（b）所示，12h后拆模，放置于恒温恒湿标准养护箱中养护28d。

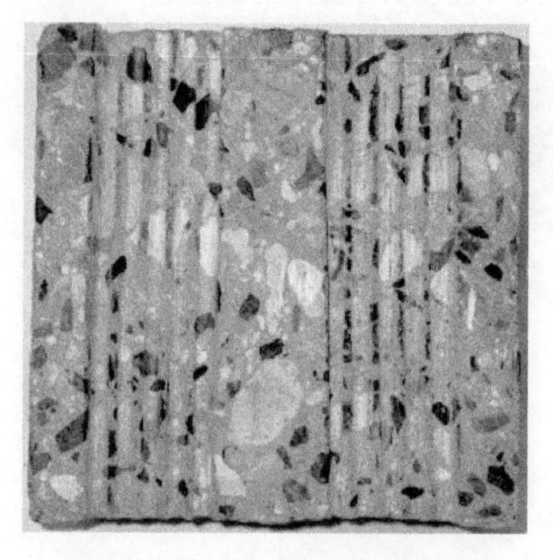

图 3-12 基底混凝土粗糙度处理

图 3-13 金属骨料聚氨酯砂浆—基底混凝土制备过程

(a) 涂抹界面剂

(b) 装填砂浆

图 3-14 金属骨料水泥基砂浆—基底混凝土组合试件制备过程

3. 冻融—冲磨组合试样制备

将制备好的混凝土装入 100mm×100mm×100mm 的三联试模，分三层装填，每装填一层用振捣棒插捣 20～30 次，三层都装填完后放在混凝土振动台上振捣 30s。将混凝土试样带模置于室内养护 24h 后拆模移入标准恒温恒湿养护箱，养护 28d 后取出备用。将 100mm×100mm×100mm 的混凝土试件切割成两个 100mm×100mm×50mm 的试件，按抗冲击试样的粗糙度处理方法，使用开槽机在试件的进行开槽，使其具有一定的粗糙度。如图 3-15 所示，将切槽后的试件泡水 24h 后取出，用湿抹布擦去表面的明水，迅速将界面黏结剂均匀完整地涂刷在准备好的混凝土试件上；将试件装入三联试模后马上填筑砂浆，填筑完成后置于混凝土振动台上振动 30s。组合试件带模置于室内养护 24h 后拆模并移入标准恒温恒湿养护箱，养护 28d 后取出备用。

3.2.2 抗冲高速/含砂水流冲磨性能试验

1. 试验目的

研究提出进行新型修复材料抗冲磨试验的适宜方法，并揭示各种材料的抗冲磨性能。

2. 试验方法的比较与选择

抗冲高速/含砂水流冲磨性能试验方法比较与选择见表 3-7。

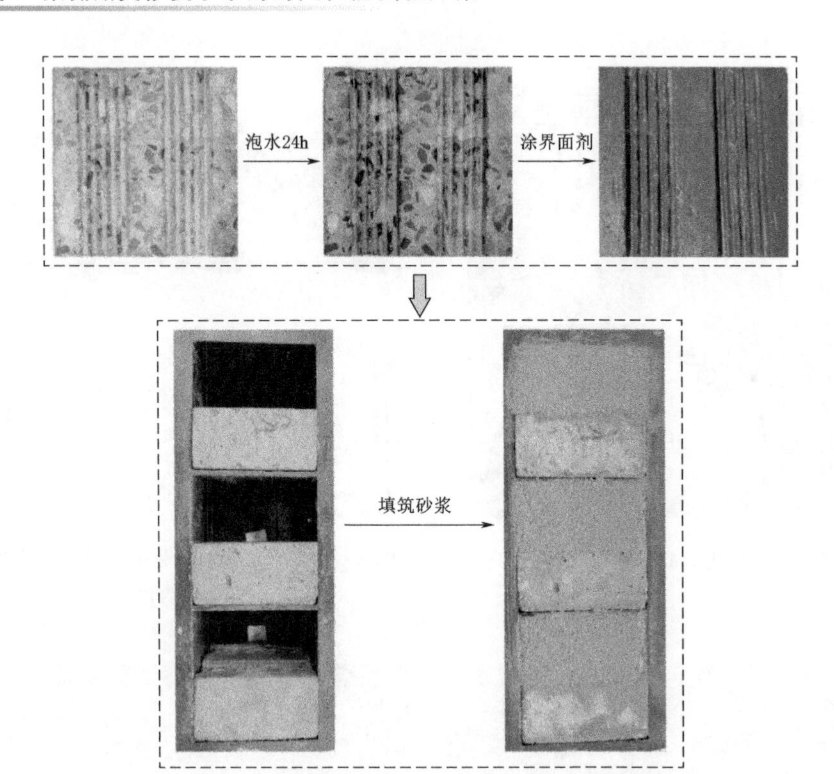

图 3 - 15 修复砂浆—混凝土组合试样制备过程

表 3 - 7 抗冲高速/含砂水流冲磨性能试验方法比较与选择

试验规程	试验方法	比较分析	方法选择
DL/T 5150—2017《水工混凝土试验规程》[8]	测定混凝土受水下流动介质磨损的相对抗力。试模为圆模，加入研磨钢球。转速 1200r/min，累计冲磨 72h。三个试件一组取平均值	三本规程规范方法原理基本相同，都是根据冲磨后的质量损失与原质量的比值来确定砂浆和混凝土的抗冲磨性，但水工混凝土试验规程中规定的水下钢球法试验的时间较长，对于水工泄水建筑物来说，较为贴合实际	修复材料抗冲高速/含砂水流冲磨性能试验方法按照 DL/T 5150—2017《水工混凝土试验规程》[8]（4.21 水下钢球法混凝土抗冲磨试验）执行
JTS/T 236—2019《水运工程混凝土试验检测技术规范》[9]	以试件磨损面上单位面积的磨损率来评定混凝土的耐磨性能。 试模为 150mm×150mm×150mm。用花轮磨头在 200N 负荷下先磨 30 转，测量一次，再磨 60 转测量一次。三个试件一组取平均值		
DL/T 5193—2021《环氧树脂砂浆技术规程》[10]	测定高速含砂水流冲刷下的抗冲磨强度。试件为特殊形状试件。最大流速 40m/s，冲磨剂为水和石英标准砂的混合物。冲磨 15min 后停机，擦干后称重，并测量冲磨前后的质量和冲磨深度。更换冲磨剂，重复三次。三个试件为一组取平均值		

本试验采用的抗冲磨试验机。

本试验采用的 SHBY - 90B 型标准恒温恒湿养护箱同 3.2.1 节。

3.2.3 抗冻性试验

1. 试验目的

研究提出进行新型修复材料抗冻性试验的适宜方法，并揭示各种材料的抗冻性能。

2. 试验方法的比较与选择

抗冻性试验方法比较与选择见表 3-8。

表 3-8　抗冻性试验方法比较与选择

试验规程	试验方法	比较分析	方法选择
DL/T 5126—2021《聚合物改性水泥砂浆试验规程》[7]	试件尺寸为 40mm×40mm×160mm，设置 300 次冻融循环，按快冻法进行试验。测试每个试件的重量损失和相对动弹模数值，三个试件一组取平均值	较其余两本规范，聚合物改性水泥砂浆试验规程中试验方法节省试验材料用量，经济合理性高	修复材料抗冻性试验方法按照 DL/T 5126—2021《聚合物改性水泥砂浆试验规程》[7]（6.10砂浆抗冻性试验）执行
DL/T 5150—2017《水工混凝土试验规程》[8]	试件尺寸为 100mm×100mm×400mm。28d 龄期，冻融液温度－25～20℃，一次循环历时 2.5～4h。每 25 次测一次，质量损失率和弹性模量，三个试件一组取平均值		
GB/T 50082—2009《普通混凝土长期性能和耐久性能试验方法标准》[11]	试验溶液为 97% 和 3% NaCl 配制而成，试件尺寸为 150mm 立方体。一次冻融循环历时 12h。温度－20～20℃，7d 龄期，将试件切割成两半进行试验。每组试件不小于 5 个，达到 28 次循环，或剥落物总质量大于 1500g/m^2 时，或相对动弹性模量降低到 80%时停止实验		

本试验采用 SHBY-90B 型标准恒温恒湿养护箱同 3.2.1 节。

本试验采用 TDR-28V 型混凝土快速冻融试验机。

本试验采用 DT-20 型混凝土动弹性模量测定仪。

3.2.4 抗渗试验

1. 试验目的

研究提出进行新型修复材料抗渗试验的适宜方法，并揭示各种材料的抗渗性能。

2. 试验方法的比较与选择

抗渗试验方法比较与选择见表 3-9。

表 3-9　抗渗试验方法比较与选择

试验规程	试验方法	比较分析	方法选择
DL/T 5150—2017《水工混凝土试验规程》[8]	试模尺寸上口直径 70mm，下口直径 80mm，高 30mm。3 个试件一组，渗透仪启动后，水压从 0.2MPa 开始，每隔 1h 加压 0.1MPa，直至所有试件顶面均渗水。当水压到 1.5MPa 保持 1h 还未渗水，劈开后按照相对渗透系数试验方法计算	三本试验规程的试验方法基本相同，较其余两本规程规定的一组 6 个试件，水工混凝土试验规程规定了一组 3 个试件，试验耗材少，试验的经济合理性高	修复材料抗渗试验方法按照 DL/T 5150—2017《水工混凝土试验规程》[8]（7.12水泥砂浆抗渗性试验）执行

续表

试验规程	试验方法	比较分析	方法选择
GB/T 50082—2009《普通混凝土长期性能和耐久性能试验方法标准》[11]	试模尺寸上口直径175mm，下口直径185mm，高150mm。28d龄期，6个试件一组，渗透仪启动后，水压控制在1.2MPa，恒定24h，劈开后按照相对渗透系数试验方法	三本试验规程的试验方法基本相同，较其余两本规程规定的一组6个试件，水工混凝土试验规程规定了一组3个试件，试验耗材少，试验的经济合理性高	修复材料抗渗试验方法按照DL/T 5150—2017《水工混凝土试验规程》[8]（7.12水泥砂浆抗渗性试验）执行
JGJ/T 70—2009《建筑砂浆基本性能试验方法》[12]	试模尺寸上口直径70mm，下口直径80mm，高30mm。6个试件一组，渗透仪启动后，水压从0.2MPa开始，每隔1h加压0.1MPa，直至所有6个试件中有三个试件顶面渗水，停止实验		

本试验采用的SHBY-90B型标准恒温恒湿养护箱同3.2.1节，主要用于修复材料砂浆的标准养护。

本试验采用SS-15型数显水泥砂浆渗透仪。

3.2.5　吸水率

1. 试验目的

研究提出进行新型修复材料吸水率试验的适宜方法，并揭示各种材料的吸水率性能。

2. 试验方法的比较与选择

吸水率试验方法比较与选择见表3-10。

表3-10　　吸水率试验方法比较与选择

试验规程	试验方法	比较分析	方法选择
DL/T 5126—2021《聚合物改性水泥砂浆试验规程》[7]	试件尺寸为40mm×40mm×160mm，28d龄期，烘干48h后取出，称重，再浸泡48h，上表面距离水面大于50mm，擦干后称重（擦干时间控制相同）	三本试验规程中吸水率试验方法中规定的试件尺寸不同，规定试件浸泡时水面距离上表面的距离也不同较其余两本规范，只有聚合物砂浆规范规定测试时擦干试件水分，从水中取出到称重操作间隔的时间要控制每个试件相同，擦拭用布的干湿程度和表面擦拭的遍数也要控制相同。试验误差小，结果准确性高	修复材料吸水率试验方法按照DL/T 5126—2021《聚合物改性水泥砂浆试验规程》[7]（6.6砂浆吸水率试验）执行
JTS/T 236—2019《水运工程混凝土试验检测技术规范》[9]	试件尺寸为边长100mm的立方体，三个试件一组，28d龄期，烘干至恒重，称重，再浸泡3h，水面高出上表面30mm。擦干后称重。计算得到3h的吸水率结果		
JGJ/T 70—2009《建筑砂浆基本性能试验方法》[12]	试件尺寸为边长70.3mm立方体试件，三个试件一组，28d龄期，试件养护好之后，烘干48h，称重，再浸泡48h后，上表面距离水面不小于20mm，擦干表面水分，称重		

本试验采用的SHBY-90B型标准恒温恒湿养护箱同3.1节。

3.2.6 碳化试验

1. 试验目的

研究提出进行新型修复材料碳化试验的适宜方法，并揭示各种材料的抗碳化性能。

2. 试验方法的比较与选择

碳化试验方法比较与选择见表3-11。

表3-11 碳化试验方法比较与选择

试验规程	试验方法	比较分析	方法选择
DL/T 5126—2021《聚合物改性水泥砂浆试验规程》[7]	试件尺寸为100mm立方体，三个试件一组，试验方法同水工混凝土试验规程，测量碳化深度方法有些差别，在碳化区与非碳化区的分界线每一侧各取3个点，6个点平均值为1个试件碳化深度，最终结果取3个试件平均值	聚合物改性水泥砂浆试验规程对砂浆的碳化试验做了详细规定，水工混凝土试验规程针对混凝土的碳化试验做规定，试验方法都类似，主要区别是聚合物改性水泥砂浆试验规程规定碳化试验的试件尺寸选用100mm立方体，水工混凝土试验规程优先选择150mm立方体，聚合物改性水泥砂浆试验规程中的碳化试验选用的试件尺寸经济合理性高	修复材料碳化试验方法按照DL/T 5126—2021《聚合物改性水泥砂浆试验规程》[7]（6.9砂浆碳化试验）执行
DL/T 5150—2017《水工混凝土试验规程》[8]	碳化试验应采用棱柱体混凝土试件，试件的最小边长可选100mm或者150mm。棱柱体的高宽比应不小于3。28d龄期，提前2d烘干48h，留下一个或相对的两个侧面，其余用石蜡密封。侧面顺长度方向间隔10mm画平行线，放入碳化箱，以3块为1组		
JTS/T 236—2019《水运工程混凝土试验检测技术规范》[9]	DL/T 5126—2021方法同《聚合物改性水泥砂浆试验规程》[7]		

本试验采用NJ-HTX型混凝土碳化试验箱。

本试验采用的SHBY-90B型标准恒温恒湿养护箱同3.2.1节。

3.2.7 硫酸盐侵蚀试验

1. 试验目的

研究提出进行新型修复材料硫酸盐侵蚀试验的适宜方法，并揭示各种材料的抗硫酸盐侵蚀性能。

2. 试验方法的比较与选择

硫酸盐侵蚀试验方法比较与选择见表3-12。

表3-12 硫酸盐侵蚀试验方法比较与选择

试验规程	试验方法	比较分析	方法选择
GB/T 50082—2009《普通混凝土长期性能和耐久性能试验方法标准》[11]	试件尺寸为100mm立方体，3个试件一组，将试件28d龄期的前两天取出，烘干48h。然后放入5% Na_2SO_4 溶液硫酸盐干湿循环箱，每个干湿循环24h，循环15次，测定一个pH值，保证pH值为6～8，当抗压强度耐蚀系数达到75%或干湿循环150次或达到设计抗硫酸盐等级，停止实验	环氧树脂砂浆技术规程中的盐类侵蚀试验比较笼统，没有具体表明是哪种盐类，试验方法参考价值较小普通混凝土长期性能和耐久性能试验方法标准规范中明确规定了硫酸盐侵蚀试验方法	修复材料硫酸盐侵蚀试验方法按照GB/T 50082—2009《普通混凝土长期性能和耐久性能试验方法标准》[11]（4抗硫酸盐侵蚀试验）执行

续表

试验规程	试验方法	比较分析	方法选择
DL/T 5193—2021《环氧树脂砂浆技术规程》[10]	试件尺寸为 25mm × 25mm × 320mm，8个试件为一组，4个试验，4个做对照，浸泡龄期选择7d，14d，28d，56d，84d。将试件浸入试液中，确保试件之间至少有10mm的间距，试件上表面距离液面10mm。达到浸泡时间后，将试件用水冲洗干净，擦拭表面后称重。然后，测定8个试件的弯曲强度	环氧树脂砂浆技术规程中的盐类侵蚀试验比较笼统，没有具体表明是哪种盐类，试验方法参考价值较小普通混凝土长期性能和耐久性能试验方法标准规范中明确规定了硫酸盐侵蚀试验方法	修复材料硫酸盐侵蚀试验方法按照GB/T 50082—2009《普通混凝土长期性能和耐久性能试验方法标准》[11]（4抗硫酸盐侵蚀试验）执行

本试验采用CABR－LSB－18型全自动混凝土硫酸盐干湿循环试验箱。

本试验采用的SHBY－90B型标准恒温恒湿养护箱同3.2.1节，主要用于修复材料砂浆的标准养护。

3.2.8　抗氯离子渗透试验

1. 试验目的

研究提出进行新型修复材料抗氯离子渗透试验的适宜方法，并揭示各种材料的抗氯离子渗透性能。

2. 试验方法的比较与选择

抗氯离子渗透试验方法比较与选择见表3－13。

表3－13　　抗氯离子渗透试验方法比较与选择

试验规程	试验方法	比较分析	方法选择
GB/T 50082—2009《普通混凝土长期性能和耐久性能试验方法标准》[11]	试件尺寸为100mm立方体，三个试件一组，将试件28d龄期的前两天取出，真空操作时，采用蒸馏水对试件进行真空保水，然后将NaCl溶液和NaOH溶液分别注入试件两侧的试验槽中，NaCl溶液接负极，NaOH溶液接正极。接通电源后，每5min记录一次电流值，变化不大时可隔10min或30min记录一次。直至通电6h。同时记录试验槽中溶液温度	聚合物改性水泥砂浆试验规程中抗氯离子渗透试验规定采用浸泡法；水工混凝土试验规程规定采用快速氯离子迁移系数试验方法（RCM）法；普通混凝土长期性能和耐久性能试验方法标准规范规定采用电通量法。试验研究得出RCM和电通量试验方法下的聚氨酯类修复材料，测不出试验数据，得不出试验结果	RG、T2900和IF修复材料抗氯离子渗透试验方法按照DL/T 5126—2021《聚合物改性水泥砂浆试验规程》[7]（4.32混凝土快速氯离子迁移系数试验）执行300和563修复材料抗氯离子渗透试验方法按照DL/T 5150—2017《水工混凝土试验规程》[8]（4.32混凝土快速氯离子迁移系数试验）执行
DL/T 5126—2021《聚合物改性水泥砂浆试验规程》[7]	试模尺寸 100mm × 100mm × 100mm，三个试件一组，结束养护前3d，将热蜡涂敷在浇筑面和底面进行密封，然后浸泡在2.5%氯化钠溶液中，浸泡28d后取出，在涂石蜡面郑中基把试件劈成两半，喷荧光黄指示剂和硝酸银溶液。测量渗透深度，取6点的平均值，3个试件的平均值为氯离子渗透深度值		

续表

试验规程	试验方法	比较分析	方法选择
DL/T 5150—2017《水工混凝土试验规程》[8]	试件采用直径100mm，高度50mm的圆柱体试件，试验前7d，将做好的试件切割成50mm高的试件，取切口作为暴露于氯离子溶液的测试面，试件再养护7d后放入仪器内接通电路，打开电源，根据电流的值试验应持续的试件，记录每一个时间的样机溶液的初始温度。断开电源后，试件表面冲洗干净，在压力实验机上沿轴劈成两半，在断面上喷涂硝酸银试剂，用防水比描出渗透轮廓线，测点取不小于5个，按公式计算氯离子迁移系数。3个试件一组取平均值	聚合物改性水泥砂浆试验规程中抗氯离子渗透试验规定采用浸泡法；水工混凝土试验规程规定采用快速氯离子迁移系数试验方法（RCM）法；普通混凝土长期性能和耐久性能试验方法标准规范规定采用电通量法。试验研究得出RCM和电通量试验方法下的聚氨酯类修复材料，测不出试验数据，得不出试验结果	RG、T2900和IF修复材料抗氯离子渗透试验方法按照DL/T 5126—2021《聚合物改性水泥砂浆试验规程》[7]（4.32 混凝土快速氯离子迁移系数试验）执行300和563修复材料抗氯离子渗透试验方法按照DL/T 5150—2017《水工混凝土试验规程》[8]（4.32 混凝土快速氯离子迁移系数试验）执行

本试验采用NJ－RCM－6型氯离子扩散系数测定仪。

本试验采用的NJ－BSJ型混凝土全自动真空饱水机同3.2.1节。

本试验采用的SHBY－90B型标准恒温恒湿养护箱同3.2.1节，主要用于修复材料砂浆的标准养护。

3.2.9 紫外线老化试验

1. 试验目的

研究提出进行新型修复材料紫外线老化试验的适宜方法，并揭示各种材料的紫外线老化性能。

2. 试验方法的比较与选择

紫外线老化试验方法比较与选择见表3－14。

表3－14 紫外线老化试验方法比较与选择

试验参考	试验方法	比较分析	方法选择
考虑紫外线辐射影响的高寒区面板混凝土耐久性研究[13]	采用边长为100mm的立方体试模，试件脱模，养护至规定龄期，将养护到一定龄期的混凝土试件放入试验箱进行紫外线辐射试验，箱内温度保持在35℃。以紫外线辐射后抗压强度评定混凝土耐久性	关于紫外线老化试验方法，在查阅大量相关规范、文献后，《考虑紫外线辐射影响的高寒区面板混凝土耐久性研究》中试验原理及步骤较为完善；同时考虑实际条件，改用边长为40mm的立方体试模制作试件	修复材料紫外线老化试验方法按照《考虑紫外线辐射影响的高寒区面板混凝土耐久性研究》[12] 执行

本试验采用SC/ZN－PA型紫外线老化试验箱。

本试验采用的SHBY－90B型标准恒温恒湿养护箱同3.2.1节，主要用于修复材料砂浆的标准养护。

3.2.10 冲击试验

1. 试验目的

(1) 研究混凝土试件及聚氨酯修复砂浆试件的抗冲击性能。

(2) 研究基底混凝土饱水度和界面粗糙度一定的情况下，聚氨酯修复砂浆修复层厚对试件抗冲击性能的影响变化规律，并确定聚氨酯修复砂浆修复基底混凝土最佳的修复层厚。

(3) 研究修复层厚和基底混凝土饱水度一定的情况下，基底混凝土界面粗糙度对试件抗冲击性能的影响变化规律，并确定聚氨酯修复砂浆修复基底混凝土最佳的界面粗糙度。

(4) 研究修复层厚和基底混凝土界面粗糙度一定的情况下，基底混凝土饱水度对试件抗冲击性能的影响变化规律，并确定聚氨酯修复砂浆修复基底混凝土最佳饱水度。

2. 试验方法的比较与选择

冲击试验方法比较与选择见表3-15。

表3-15 冲击试验方法比较与选择

试验参考	试验方法	比较分析	方法选择
CECS 13：2009《纤维混凝土试验方法标准》[14]	制备试件，养护至指定时间。精确量取试件高度及直径至1.0mm，计算体积。试件底面涂黄油后置于仪器围挡中央，通电使电磁铁吸附4.5kg钢球，断电后钢球自1.5m高自由落体撞击试件。循环冲击，记录初裂冲击次数 N_1 及试件触三边围挡时的破坏冲击次数 N_2。以抗冲击强度、延性系数、初裂至终裂耗能以及抗冲击强度增长率和损失率评估冲击性能	纤维混凝土试验方法标准规范中明确规定了冲击试验方法	冲击试验方法按照CECS 13：2009《纤维混凝土试验方法标准》[14]执行

本次试验采用的仪器设备及其参数如下。

本试验采用的SHBY-90B型标准恒温恒湿养护箱同3.2.1节，主要用于修复材料砂浆的标准养护。

本试验采用的混凝土全自动真空饱水机同3.2.1节，主要用于保水度处理。

本试验采用的真空干燥箱同3.2.1节，主要用于保水度处理。

ACI544委员会推荐的落锤试验装置过于简单，很难精确控制冲击锤的冲击高度。手动释放冲击锤时，会影响其下落的初始速度，自由下落后冲击锤的不规则滚动会威胁试验人员的安全。因此，基于ACI544中落锤冲击法的原理、参照CECS 13：2009《纤维混凝土试验方法标准》[14] 中抗冲击性能试验规定，本试验采用了改进后的抗冲击试验装置，改进后的装置示意图如图3-31所示。抗冲击试件如图3-16所示。

改进后的装置优点如下：

(1) 仪器自带竖向精度为1mm的刻度尺，可精准控制钢制小球质心到抗冲击试件表面的距离，从而自由设定试件抗冲击高度。

(2) 无须手动释放钢制小球，钢制小球的释放由电磁铁控制器控制，保证钢制小球在下落时没有加速度，做自由落体运动。

（3）在仪器底座周围设有围框，限制钢制小球的移动范围；设有围挡限制试件移动范围，增加了试验的安全性及试验结果的准确性。

3. 试验具体步骤

（1）按规定的配合比进行试件的制备，养护至规定龄期，测试前检查试件表面，确保待测试件无明显缺陷。

（2）准确测量试件的高度及直径，精确至 1.0mm，计算试件的体积。

（3）试件底面均匀涂上一层黄油，将其放在仪器底部围挡中央，开启控制器通电使得电磁铁带磁性，将 4.5kg 钢制小球吸附在电磁铁底部，断开电磁铁电源使 4.5kg 钢制小球自 1.5m 处自由落下，撞击试件顶部。抗冲击性能试验如图 3－17 所示。

（4）反复进行冲击循环，注意观察试件表面，当其表面出现第一条裂缝时（或冲击形成的凹坑深约 10mm），记录此时初裂冲击次数为 N_1。当试件与任意三块底部围挡接触时，记录此时的破坏冲击次数为 N_2。

图 3－16 抗冲击试件

图 3－17 抗冲击性能试验

评估冲击性能的指标包括抗冲击强度、延性系数、初裂至终裂耗能以及抗冲击强度增长率和损失率。

试件抗冲击强度按照式（3－4）进行计算，每组取三个试件的抗冲击强度平均值作试验结果，精确至 0.01MPa。

$$f_{ch}=9.8GH_n/V \qquad (3-4)$$

式中 f_{ch}——抗冲击强度，MPa；

G——钢球的质量，4.5kg；

H——钢球的落高，1.5m；

n——冲击次数；

V——试件的体积，mm^3。

试件破坏的延性系数 β_t 由式（3－5）计算。即

$$\beta_t=(N_2-N_1)/N_1 \qquad (3-5)$$

式中　β_t——延性系数；

N_2——终裂抗冲击次数；

N_1——初裂抗冲击次数。

试件初裂至终裂的耗能由式（3-6）计算。即

$$\Delta W=(N_2-N_1)mgH \tag{3-6}$$

式中　ΔW——初裂至终裂的耗能，N·m；

N_2——终裂抗冲击次数；

N_1——初裂抗冲击次数；

m——钢球的质量，4.5kg；

g——重力加速度，取 9.8m/s^2；

H——钢球的落高，1.5m。

抗冲击强度增长率按式（3-7）进行计算。即

$$r_f=\frac{f_{Y_m}-f_{Y_1}}{f_{Y_1}}\times 100\% \tag{3-7}$$

式中　r_f——不同粗糙度下组合试件抗冲击强度增长率，%；

f_{Y_m}——目标粗糙度组合试件抗冲击强度，MPa；

f_{Y_1}——Y_1 粗糙度组合试件抗冲击强度，MPa。

抗冲击强度损失率按式（3-8）进行计算。即

$$\gamma_f=\frac{f_{W_m}-f_{W_1}}{f_{W_1}}\times 100\% \tag{3-8}$$

式中　γ_f——不同饱水度下组合试件抗冲击强度损失率，%；

f_{W_m}——目标饱水度组合试件抗冲击强度，MPa；

f_{W_1}——W_1 饱水度组合试件抗冲击强度，MPa。

3.2.11　扫描电镜观察试验

1. 试验目的

采用扫描电镜试验仪，对比分析不同基底混凝土饱水度和粗糙度的情况下，修复砂浆与基底混凝土黏结界面微观形态，探明基底混凝土饱水度和粗糙度对聚氨酯修复砂浆和混凝土材料界面处的微观形态的影响规律及聚氨酯砂浆与基底混凝土的黏结机理，进一步论证宏观试验结果的准确性。

2. 试验原理及方法

试验原理：扫描电镜试验仪主要由以下三个部分组成。电子源：电子源产生高速电子束；样品台：样品台支持待测样品，并能在 X、Y、Z 轴方向上移动，以便在不同位置对样品进行扫描；探测器：探测器用于检测样品表面反射的电子信号，并将其转换为图像信号输出，如图 3-18 所示。

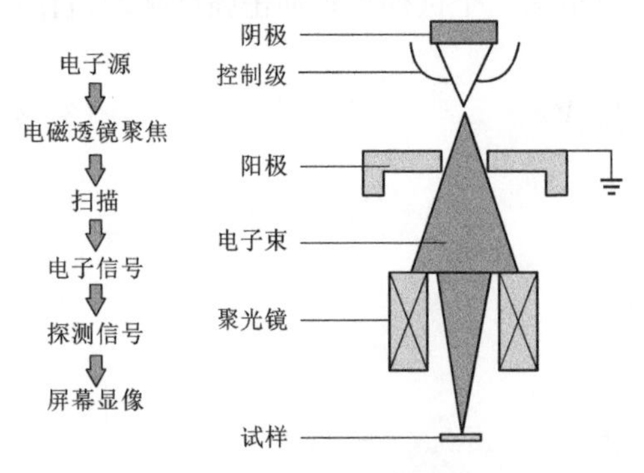

图 3-18　扫描电镜工作原理示意图

扫描电镜试验仪主要工作原理如下。当电

子束照射到样品表面时，它们与样品原子和分子发生相互作用，从而产生一系列反射和散射的电子信号。这些反射的电子信号被捕捉并转换为图像信号，通过电子显微镜扫描仪的图像处理系统处理，形成样品表面的高分辨率图像。扫描电镜试验时用聚焦电子束轰击样品，在入射点收集发射的电子信号进行成像，而且可以通过减小电子枪发射的电子束的大小来放大样品。电子束直径是微米量级，通过聚焦磁性透镜将其减小到纳米量级的光点，从而可以仔细观察样品的表面形态，样品表面响应电子束轰击成像在屏幕上。

本次试验采用的 SBC－12 型离子溅射仪如图 3－32 所示。

本试验采用的 Merlin Compact 型电子扫描显微镜如图 3－33 所示。

3．试验具体步骤如下

（1）采用切割机从聚氨酯修复砂浆—基底混凝土组合试件界面切割选取尺寸约 1cm×1cm×0.5cm 的扫描电镜试件，保证试样测试面断面平整，如图 3－19 所示。

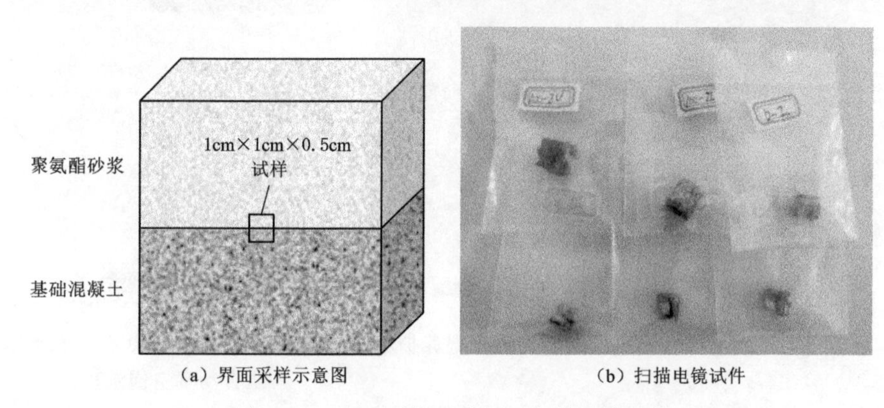

（a）界面采样示意图　（b）扫描电镜试件

图 3－19　界面采样示意图及扫描电镜试件

（2）用压缩气体清洁试样表面的灰尘，并使用离子溅射仪在试样上喷金，以提高成像质量。

（3）将喷金后的试件放入扫描电镜试验仪的样品室中，调整相关参数和聚焦等，确保能谱探头与样品上表面最高位置之间的安全距离为 2mm，以便进行观察和绘图。

3.2.12　X 射线衍射试验

1．试验目的

采用 XRD 试验仪，分析经历 0 次及 6 次交替循环后的组合试件其基底混凝土处与砂浆处样品在硫酸盐循环下的物相变化，揭示硫酸盐循环过程中试样物相变化的详细过程与机制。

2．试验原理及方法

本试验所用仪器为 Rigaku XRD－6100 型试验仪，如图 3－34 所示。

3．试验具体步骤如下：

针对经历 0 次及 6 次交替循环后的组合试件分别在其基底混凝土处与砂浆处取样，基底混凝土样品经过干燥研磨成粉末状样品，金属骨料砂浆样品为 1cm×1cm×0.5cm 的光滑块状样品，2θ 间隔为 5°～90°，以 5°/min 的扫描速度进行扫描。利用 Jade6.5 软件，对比标准 PDF 卡片，确定不同 2θ 角所对应的晶面从而进行物相分析。

3.3 试验设备及仪器

该设备主要用于修复材料砂浆的标准养护。温度控制仪精度：20℃±1℃；箱内温差：≤1℃；温度精度：≥95%，增湿器容积：5.5L，见图3-20。

该设备主要用于电通量和RCM氯离子扩散系数实验的前期饱水实验。真空值精度：±0.001MPa，见图3-21。

该设备主要用于聚氨酯弹性砂浆的干燥处理。使用温度范围：RT+10－250℃；使用真空度范围：<133Pa，见图3-22。

图3-20 SHBY-90B型标准恒温恒湿养护箱

图3-21 NJ-BSJ型混凝土全自动真空饱水机

该设备主要用于修复材料抗冲磨性能试验。试样尺寸：300mm×100mm，试样容器筒尺寸：302mm×430mm，电机搅拌转数：1200r/min，钢球直径：12.7mm、19.1mm、25.4mm，见图3-23。

主要用于修复砂浆抗冻性能试验。试件尺寸：100mm×100mm×100mm，冻结终了时试件中心温度：－18.0℃±2℃，融化终了时试件中心温度：+5.0℃±2℃，见图3-24。

图3-22 DZ-2BCⅡ型真空干燥箱

图3-23 抗冲磨试验机

主要用于修复砂浆动弹性模量测试，频率测量范围为100～20kHz，测量误差±2%，频率灵敏度1Hz，见图3-25。

图3-24　TDR-28V型混凝土快速冻融试验机

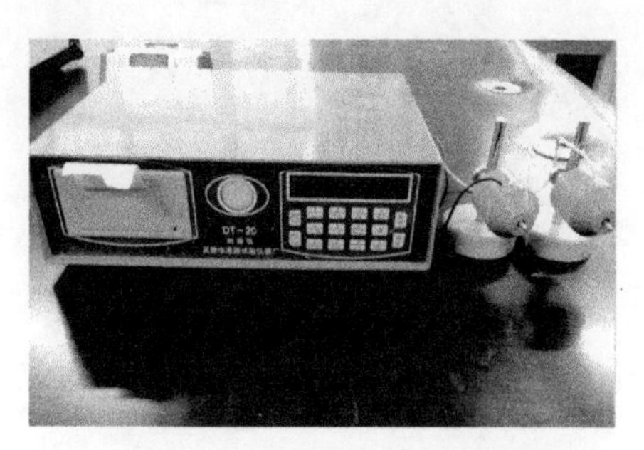

图3-25　DT-20型动弹性模量测定仪

主要用于修复砂浆抗渗试验，用于测定在一定的水压条件下砂浆的抗渗性能。最大许用压力：1.5MPa，一次实验件数：6个，水泵柱塞直径：10mm，见图3-26。

主要用于碳化试验。温度检测精度：±1.0℃，湿度检测精度：±5%RH，二氧化碳检测精度：±1.5%，见图3-27。

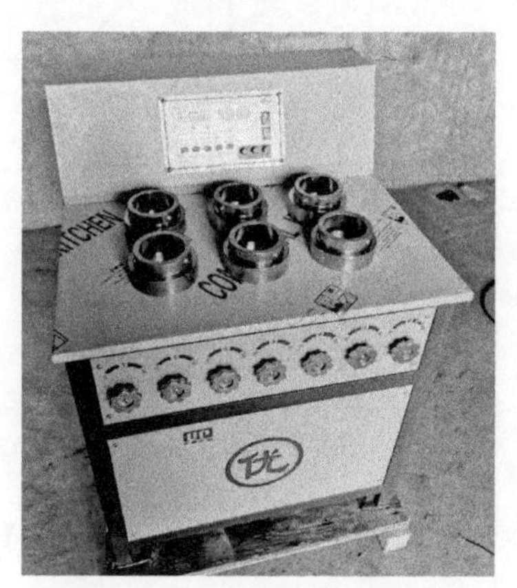

图3-26　SS-15型数显水泥砂浆渗透仪

图3-27　NJ-HTX型混凝土碳化试验箱

主要用于硫酸盐干湿循环试验。浸泡时间：15h±0.1h（可设置），溶液排空：0.5h±0.05h（可设置），风干时间：0.5h±0.5h（可设置），烘干时间：6h±0.1h（可设置），总循环时间：24h（可设置），见图3-28。

主要用于抗氯离子渗透试验。测试通道：1～6路，温度精度：0.1℃，输入电压：AC 220V，输出电压：60.0V可调，电压精度：0.1V，电流精度：0.01mA，见图3-29。

主要用于紫外线老化试验。温度范围：50～100℃（可设置），辐照强度：0.4～1.0W/m^2（可设置），冷凝温度范围：40～60℃（可设置），见图3-30。

试验采用的抗冲击实验装置是在CECS13型落球冲击试验机上改进而来的，主要用于聚氨酯弹性砂浆的抗冲击试验。落球高度：0～1500mm；冲击球直径：63mm；冲击球质量：4.5kg，见图3-31。

图3-28　CABR-LSB-18型全自动混凝土硫酸盐干湿循环试验箱

图3-29　NJ-RCM-6型氯离子扩散系数测定仪

图3-30　SC/ZN-PA型紫外线老化试验箱

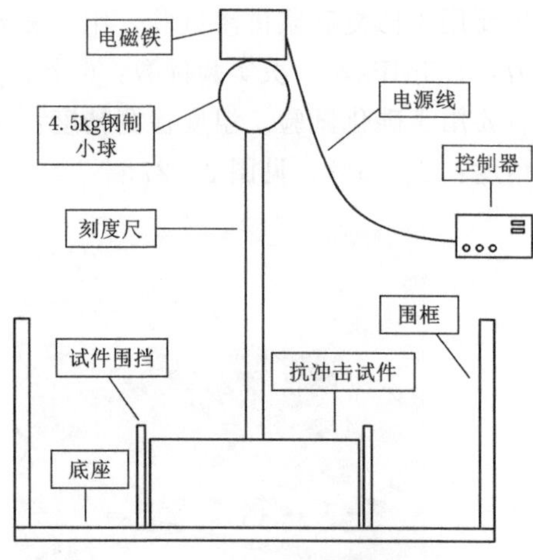

图3-31　抗冲击试验装置示意图

主要用于试件镀膜处理。玻璃处理室：ϕ100mm、高度130mm；可容纳样品杯个数：6个，见图3-32。

主要用于电镜扫描试验。电子光学放大倍数：100000倍，分辨率为20nm，见图3-33。

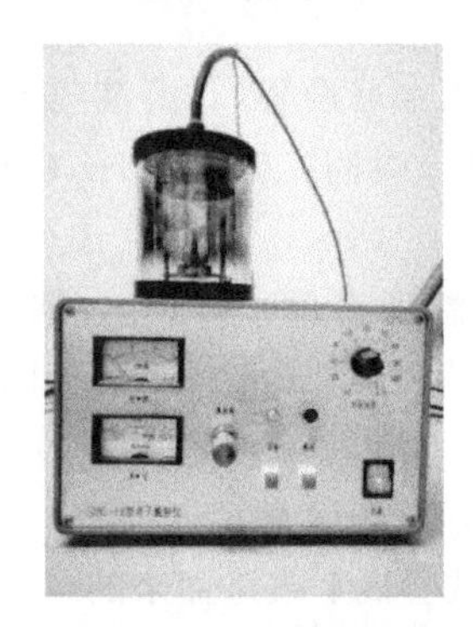

图3-32　SBC-12型离子溅射仪

图3-33　Merlin Compact型电子扫描显微镜

主要用于 XRD 试验。最大管电压：60kV，扫描角度范围：－6°～163°，扫描速度：0.1°～50°/min，回转速度：1000°/min，测试精度：0.001°/步，见图 3－34。

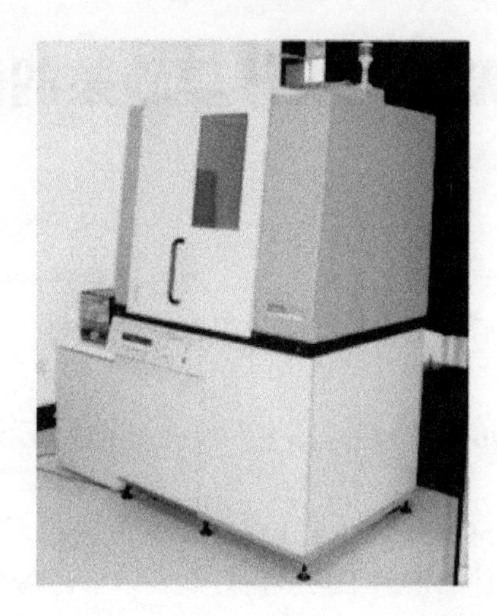

图 3－34　Rigaku XRD－6100 型试验仪

第 4 章　聚氨酯类修复砂浆的耐久性能

本章将围绕聚氨酯类修复砂浆的耐久性能，通过一系列试验，深入探究其在不同环境条件下的性能表现，以期为后续试验研究工作提供理论基础。

4.1　抗冲高速/含砂水流冲磨性能试验

按照推荐方法 DL/T 5150—2017《水工混凝土试验规程》[8]，抗冲磨强度试验结果应按下列要求确定：以 3 个试件测值的平均值作为试验结果，单个测值与平均值允许差值为 ±15%，超过时此值应剔除，以余下 2 个测值的平均值作为试验结果。若 1 组中可用的测值少于 2 个，该组试验结果无效。试验结果见图 4-1 和表 4-1。

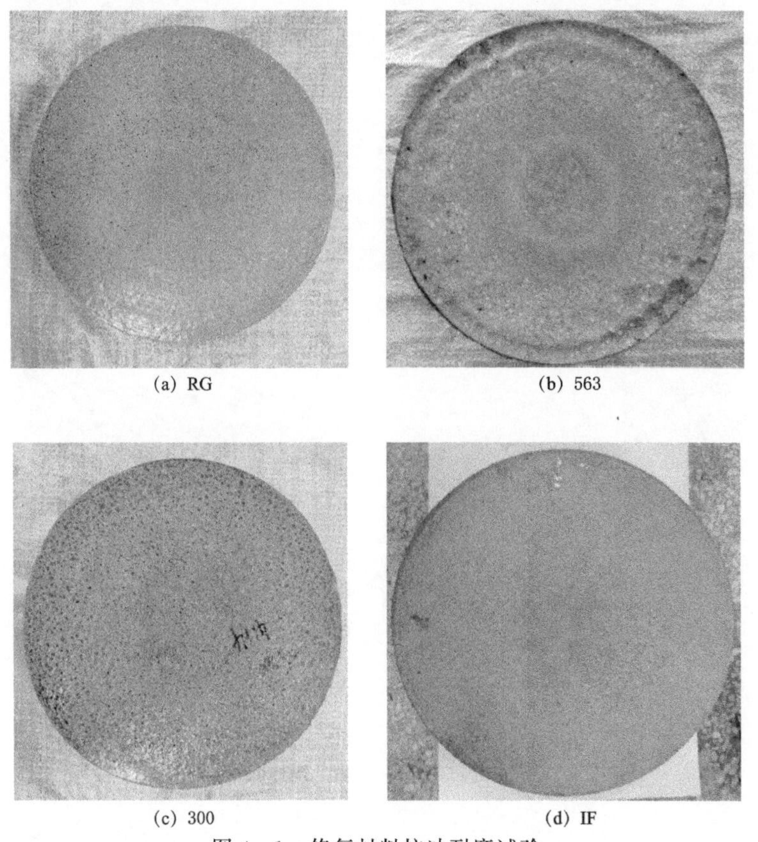

(a) RG　(b) 563　(c) 300　(d) IF

图 4-1　修复材料抗冲耐磨试验

表 4-1　　抗冲磨强度试验结果

材料名称	生产厂家	龄期 /d	磨损率 /%	抗冲磨强度 /[h/(kg·m^2)]	备　注
RG	聚氨酯	28	0.02	1908.5	抗冲耐磨时间 72h
563	聚氨酯	28	0.7	42.1	抗冲耐磨时间 72h
300	聚氨酯	28	0	因质量损失为零，无法计算	采用水下钢球法，抗冲耐磨时间由 72h 增加至 144h
IF	聚氨酯	28	0.06	508.9	抗冲耐磨时间 72h

针对修复材料的抗冲高速/含砂水流冲磨性能试验，经试验验证，DL/T 5150—2017《水工混凝土试验规程》[8] 中的抗冲高速/含砂水流冲磨性能试验方法可以有效测试 RG、563、300、T2900 和 IF 这 5 种修复材料的抗冲高速/含砂水流冲磨性能。试验结果表明，在上述五种修复材料中，300 修复材料抗冲磨性能最好，冲磨质量损失为 0，抗冲磨强度优异，且强于常规混凝土抗冲磨强度；T2900 砂浆抗冲磨性能最差，为 20.4h/(kg·m^2)，但仍强于常规混凝土抗冲磨强度。

4.2　抗冻性试验

按照推荐方法 DL/T 5126—2021《聚合物改性水泥砂浆试验规程》[7]，抗冻性能试验结果应按下列要求确定：相对动弹性模量应为一组 3 个混凝土试件的平均值。得出试验结果见图 4-2 和图 4-3。

针对修复材料的抗冻性试验，经试验验证，DL/T 5126—2021《聚合物改性水泥砂浆试验规程》[7] 中的抗冻性试验方法可以有效测试 RG、563、300、T2900 和 IF 这 5 种修复材料的抗冻性能。试验结果表明，在上述 5 种修复材料中，IF 修复材料抗冻性能最好，300 次冻融循环后相对动弹模量为 101.51%；563 砂浆抗冻性能最差，300 次冻融循环后相对动弹模量为 81.9%。

(a) RG-300次

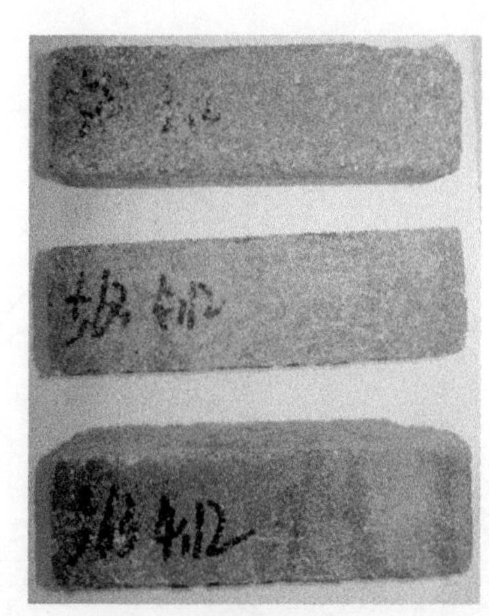

(b) 563-300次

图 4-2（一）　修复材料抗冻性能试验

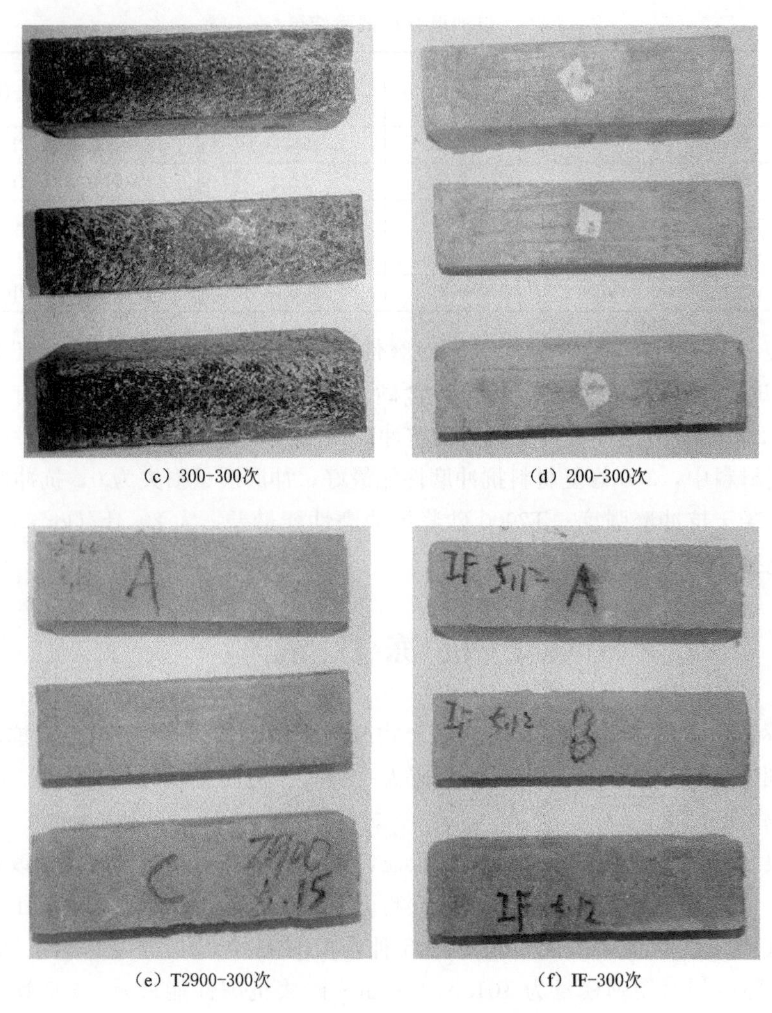

（c）300-300次　（d）200-300次

（e）T2900-300次　（f）IF-300次

图 4-2（二）　修复材料抗冻性能试验

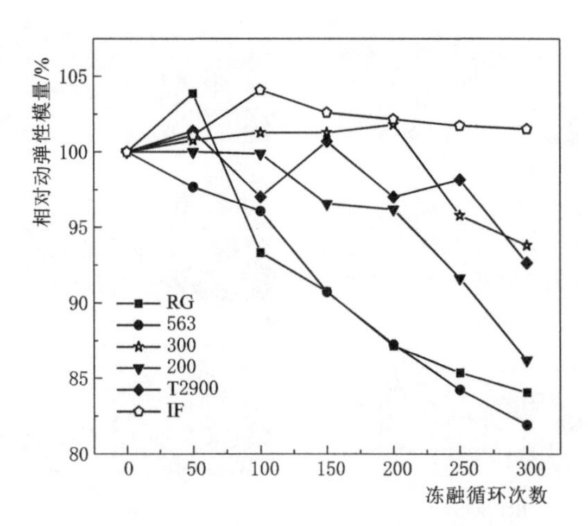

图 4-3　冻融循环下修复材料相对动弹性模量

4.3 抗渗试验

按照推荐方法 DL/T 5150—2017《水工混凝土试验规程》[8]，抗渗性能试验结果应按下列要求确定：以 3 个试件测值的平均值作为该组试件相对渗透性系数的试验结果，计算结果保留至 0.1MPa·h。得出试验结果见表 4-2。

表 4-2 修复材料抗渗性能试验结果

材料名称	吸水率/%	渗水高度/mm	相对渗透性系数/(mm/h)
RG	0.07	11	1.44339×10^{-10}
563	0.47	12	1.39556×10^{-7}
300	0.45	5.5	2.80689×10^{-8}
T2900	0.00	0	0
IF	0.00	0	0

针对修复材料的抗渗试验，经试验验证，DL/T 5150—2017《水工混凝土试验规程》[8]中的抗渗试验方法可以有效测试 RG、563、300、T2900 和 IF 这 5 种修复材料的抗渗性能。试验结果表明，在上述五种修复材料中，T2900 砂浆和 IF 砂浆抗渗强度最大，相对渗透性系数都为 0；563 砂浆抗渗强度最低，相对渗透性系数为 1.39556×10^{-7}mm/h。

4.4 吸水率试验

按照推荐方法 DL/T 5126—2021《聚合物改性水泥砂浆试验规程》[7]，以 3 个试件吸水率的平均值作为试验结果，得出试验结果见表 4-3。

表 4-3 修复材料吸水率试验结果

材料名称	龄期/d	试件	烘干后质量/g	泡水后质量/g	吸水率/%	吸水率平均值/%
RG	14	A	488	489	0.20	0.14
		B	495	495	0.00	
		C	494	495	0.20	
	28	A	488	489	0.20	0.07
		B	494	494	0.00	
		C	494	494	0.00	
563	14	A	565	568	0.53	0.59
		B	559	562	0.54	
		C	566	570	0.71	
	28	A	564	567	0.53	0.47
		B	557	560	0.54	
		C	566	568	0.35	

续表

材料名称	龄期/d	试件	烘干后质量/g	泡水后质量/g	吸水率/%	吸水率平均值/%
300	14	A	895	899	0.45	0.38
		B	880	883	0.34	
		C	883	886	0.34	
	28	A	893	897	0.45	0.45
		B	879	883	0.46	
		C	880	884	0.45	
T2900	14	A	500	501	0.20	0.13
		B	496	496	0.00	
		C	518	519	0.19	
	28	A	501	501	0.00	0.06
		B	496	496	0.00	
		C	518	519	0.19	
IF	14	A	689	689	0.00	0.00
		B	629	629	0.00	
		C	672	672	0.00	
	28	A	689	689	0.00	0.00
		B	629	629	0.00	
		C	671	671	0.00	

针对修复材料的吸水率试验，经试验验证，DL/T 5126—2021《聚合物改性水泥砂浆试验规程》[7] 中的吸水率试验方法可以有效测试RG、563、300、T2900和IF这5种修复材料的吸水率。试验结果表明，在上述5种修复材料中，563砂浆吸水率最大，28d吸水率为0.47%；IF砂浆吸水率最低，28d吸水率为0。

4.5 碳化试验

按照推荐方法DL/T 5126—2021《聚合物改性水泥砂浆试验规程》[7]，抗冻性能试验结果应按下列要求确定：碳化区与非碳化区的分界线每一侧各取3个点，6个点平均值为一个试件碳化深度，最终结果取3个试件平均值。得出试验结果见图4-4和表4-4。

(a) RG-28d

(b) 563-28d

图4-4（一）　碳化试验图片

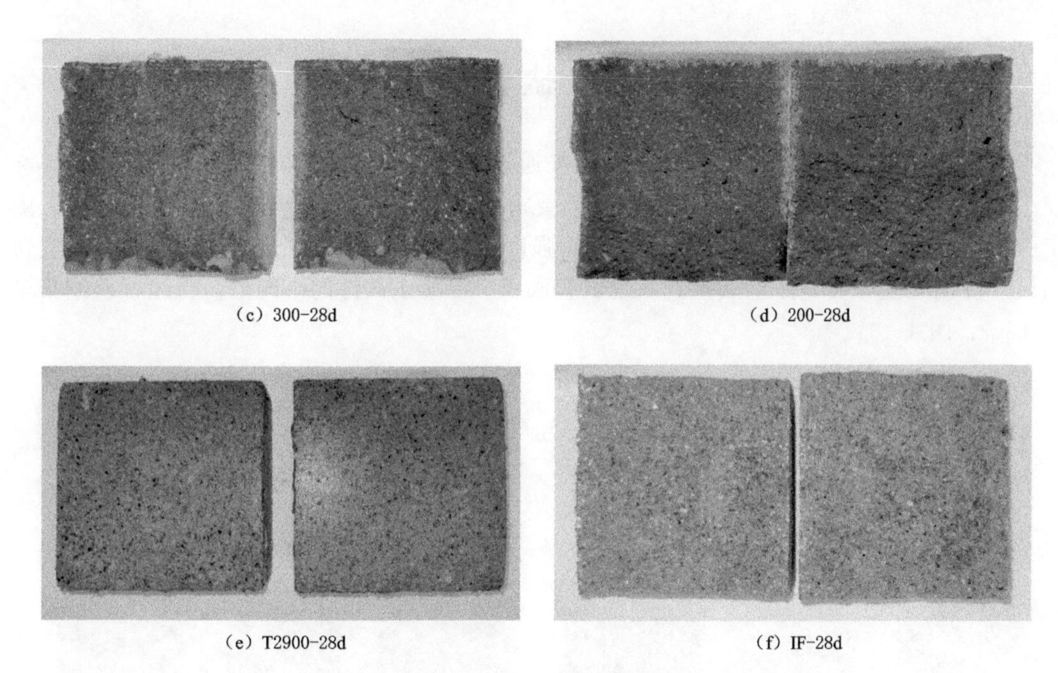

（c）300-28d　（d）200-28d

（e）T2900-28d　（f）IF-28d

图 4-4（二）　碳化试验图片

表 4-4　修复材料碳化试验结果

材料名称	龄期/d	平均碳化深度/mm	材料名称	龄期/d	平均碳化深度/mm
RG	7	0	200	7	0
	14	0		14	0
	28	0		28	0
300	7	0	T2900	7	0
	14	0		14	0
	28	0		28	0
563	7	0	IF	7	0
	14	0		14	0
	28	0		28	0

针对修复材料的碳化试验，经试验验证，DL/T 5126—2021《聚合物改性水泥砂浆试验规程》[7] 中的碳化试验方法可以有效测试RG、563、300、T2900和IF这5种修复材料的碳化深度。试验结果表明，上述5种修复材料28d碳化深度都为0，与环氧砂浆的测试结果一致（《国家建筑材料测试中心》，中心编号为WT2016B04N02660和2013E01146）。

4.6　硫酸盐侵蚀试验

按照推荐方法 GB/T 50082—2009《普通混凝土长期性能和耐久性能试验方法标准》[11]，硫酸盐侵蚀性能试验结果应按下列要求确定：每个干湿循环 24h，循环 15 次，测定一个 pH 值，保证 pH 值为 6～8，当抗压强度耐蚀系数达到 75%或干湿循环 150 次或达到设计抗硫酸盐等级，停止试验。一组试验取 3 个混凝土试件的平均值。得出试验结果见图 4－5、图 4－6：

(a) RG　(b) 563　(c) 300　(d) T2900　(e) IF

图 4－5　不同修复材料 90 次硫酸盐侵蚀试验

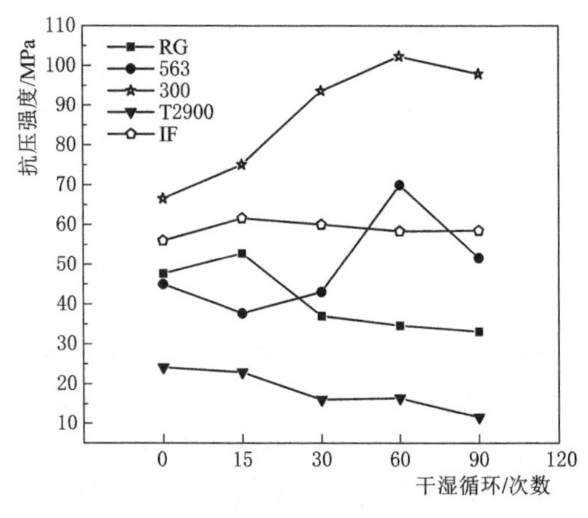

图 4－6　不同龄期紫外线老化试验下修复材料抗压强度

针对修复材料的硫酸盐侵蚀试验，经试验验证，GB/T 50082—2009《普通混凝土长期性能和耐久性能试验方法标准》[11] 中的硫酸盐侵蚀试验方法可以有效测试 RG、563、300、T2900 和 IF 这 5 种修复材料的抗硫酸盐侵蚀性能。试验结果表明，300 砂浆在 90 次的硫酸盐侵蚀后抗压强度最大，抗压强度为 101.2MPa，抗压耐蚀系数为 96.7%；T2900 砂浆 60 次的硫酸盐侵蚀后抗压强度最小，抗压强度为 43.8MPa，且 T2900 在 60 次硫酸盐干湿循环后的抗压强度耐蚀系数低于 75%。

4.7 抗氯离子渗透试验

（1）RG、T2900和IF按照推荐方法DL/T 5126—2021《聚合物改性水泥砂浆试验规程》[7]，取三个试件的平均值作为氯离子渗透深度值。得出试验结果见图4-7，渗透深度均为0。

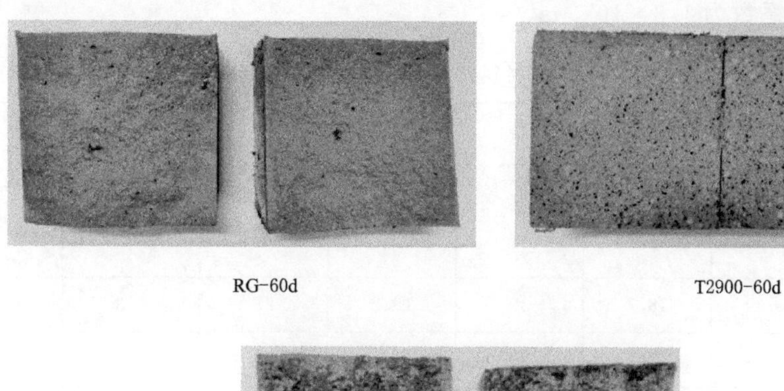

RG-60d　　T2900-60d

IF-60d

图4-7　不同修复材料浸泡法结果图片

（2）300和563 GB/T 50082—2009《普通混凝土长期性能和耐久性能试验方法标准》[11]，以3个试样的氯离子迁移系数的平均值作为该组试件的氯离子迁移系数测定值。当最大值或最小值与中间值之差超过中间值的15%时，应剔除此值，取其余2个测值的平均值作为测定值；当最大值和最小值均超过中间值的15%时，取中间值作为测定值。得出试验结果见图4-8和表4-5。

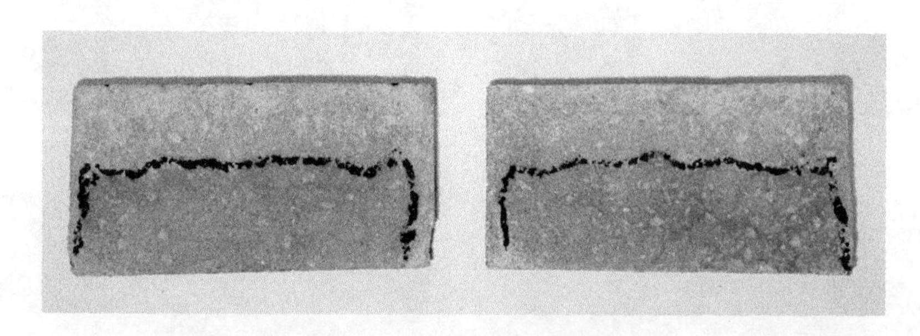

图4-8　563抗氯离子渗透试验图片

针对修复材料的适用期检测，经试验验证，DL/T 5126—2021《聚合物改性水泥砂浆试验规程》[7] 中的抗氯离子渗透试验方法可以有效地测试 RG、T2900 和 IF 这三种修复材料的抗氯离子渗透性能。DL/T 5150—2017《水工混凝土试验规程》[8] 中的抗氯离子渗透试验方法可以有效地测定 300 和 563 修复材料这两种修复材料的抗氯离子渗透性能。试验结果表明，在上述 5 种修复材料中，RG、T2900 和 IF 修复材料浸泡在 2.5%氯化钠溶液 60d 后氯离子渗透深度为 0。563 修复材料抗氯离子渗透试验数据见表 4-10。试验数据表明，563 修复材料 48d 非稳态氯离子迁移系数为 $4.5\times10^{-13}m^2/s$，300 修复材料 48d 非稳态氯离子迁移系数为 $1.3\times10^{-13}m^2/s$。

表 4-5　　563 和 300 修复材料抗氯离子渗透试验结果

材料名称	试件编号	试件厚度 /mm	氯离子平均渗透深度 /mm	电压 /V	初始温度与结束温度均值/℃	时间 /d	非稳态氯离子迁移系数 /($\times10^{-13}$ m^2/s)	非稳态氯离子迁移系数平均值 /($\times10^{-13}$ m^2/s)
563	A	50.4	18.7	30	19.2	48	4.3	4.5
	B	51.2	17.9	30	17.2	48	4.5	
	C	50.6	21.6	30	22.7	48	5.5	
300	A	50.0	4.4	30	22.2	48	1.7	1.3
	B	50.2	3.4	30	23.1	48	1.3	
	C	51.6	3.3	30	22.8	48	1.2	

4.8　紫外线老化试验

按照推荐方法《考虑紫外线辐射影响的高寒区面板混凝土耐久性研究》[13]，紫外线老化试验，结果应按下列要求确定，一组试验取 3 个混凝土试件的抗压强度平均值，得出试验结果见图 4-9、图 4-10。

(a) RG　(b) 563　(c) 300　(d) T2900

图 4-9　不同修复材料 30d 龄期紫外线老化试验

针对修复材料的紫外线老化试验，经试验验证，《考虑紫外线辐射影响的高寒区面板混凝土耐久性研究》[13] 中的紫外线老化试验方法可以有效测试 RG、563、300、T2900 和 IF 这 5 种修复材料的抗紫外线老化性能。试验结果表明，在上述 5 种修复材料中，300 修复材料在 30d 的紫外线老化后抗压强度最大，为 79.33MPa；T2900 修复材料 30d 的紫外线老化后抗压强度最小，抗压强度为 17.61MPa。

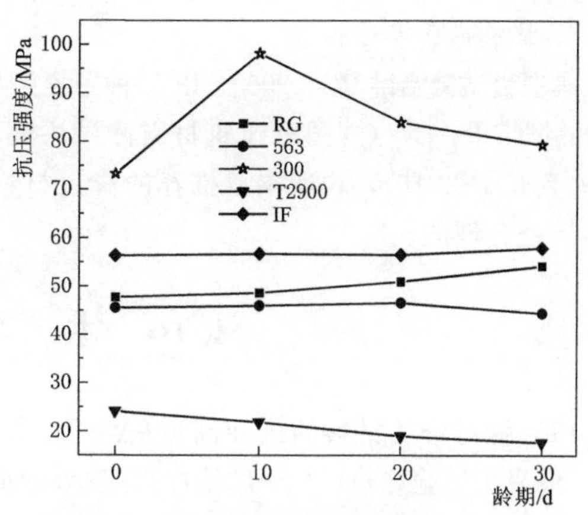

图 4-10 修复材料不同龄期紫外线老化试验抗压强度

4.9 试验结果验证分析

鉴于现有资料相对缺乏，本次选用可收集到的实测资料和厂家资料中关于各种材料的抗冲磨强度、抗渗性、碳化、抗氯离子渗透性的试验结果，与本章的相应试验结果进行对比，以部分验证本章推荐试验方法的适宜性及其试验结果的合理性。

1. 抗冲磨强度

本项目试验测得 RG 的抗冲磨强度为 1908.5h/(kg・m^2)，《李家峡水电站 2019 年左底孔泄水道修复项目监理竣工验收报告》[15] 中得出的 RG 的抗冲磨强度为 1979.2h/(kg・m^2)，相对误差＜4%，说明本章推荐的修复材料的抗压强度检测方法是适宜的，相应的试验结果是合理的。

2. 抗渗性

抗渗性试验结果对比见表 4-6。

表 4-6 抗渗性试验结果对比

材料名称	试验结果	厂　家　资　料	资料来源
T2900	0	在 CP.BM267/2 测试中为零吸收	厂家资料
IF	0	在 CP.BM267/2 测试中为零吸收	厂家资料

本项目试验测得 2900、IF 两种聚氨酯材料的相对渗透性系数均为 0，与厂家资料中的抗渗性结果相符合，说明本章推荐的修复材料的抗压强度检测方法是适宜的，相应的试验结果是合理的。

3. 碳化

本项目试验测得 RG、T2900、IF 三种聚氨酯材料的 28d 碳化深度均为 0，与环氧砂浆的测试结果一致（《国家建筑材料测试中心检验报告》，中心编号为 WT2016B04N02660 和 2013E01146），说明本章推荐的修复材料的抗压强度检测方法是适宜的，相应的试验结果是合理的。

4. 抗氯离子渗透性

本项目试验测得RG、2900、IF三种聚氨酯材料的28d氯离子渗透深度均为0，与环氧砂浆的测试结果一致（《国家建筑材料测试中心检验报告》，中心编号为WT2016B04N02660，2019年4月23日），说明本章推荐的修复材料的抗压强度检测方法是适宜的，相应的试验结果是合理的。

4.10 本章小结

(1) 针对修复材料的抗冲高速/含砂水流冲磨性能试验，推荐采用DL/T 5150—2017《水工混凝土试验规程》[8] 中的抗冲高速/含砂水流冲磨性能试验方法。经试验验证得出该试验方法可以有效地检测修复材料抗冲磨性能。试验结果表明，RG、563、300、T2900和IF这5种修复材料中，300修复材料抗冲磨性能最好，磨损率为0，抗冲磨强度优异，且强于常规混凝土抗冲磨强度；T2900砂浆抗冲磨性能最差，为20.4h/(kg·m^2)，但仍强于常规混凝土抗冲磨强度。

(2) 针对修复材料的抗冻性试验，推荐采用DL/T 5126—2021《聚合物改性水泥砂浆试验规程》[7] 中的抗冻性试验方法。经试验验证得出该试验方法可以有效地检测修复材料抗冻性能。试验结果表明，RG、563、300、T2900和IF这5种修复材料中，T2900修复材料抗冻性能最好，300次冻融循环后相对动弹模量为0；563砂浆抗冻性能最差，300次冻融循环后相对动弹模量为0。

(3) 针对修复材料的抗渗试验，推荐采用DL/T 5150—2017《水工混凝土试验规程》[8] 中的抗渗试验方法。经试验验证得出该试验方法可以有效地检测修复材料抗渗强度。试验结果表明，RG、563、300、T2900和IF这5种修复材料中，T2900砂浆和IF砂浆抗渗强度最大，相对渗透性系数都为0；563砂浆抗渗强度最低，相对渗透性系数为1.39556×10^{-7} mm/h。

(4) 针对修复材料的吸水率试验，推荐采用DL/T 5126—2021《聚合物改性水泥砂浆试验规程》[7] 中的吸水率试验方法。经试验验证得出该试验方法可以有效地检测修复材料吸水率。试验结果表明，RG、563、300、T2900和IF这5种修复材料中，563砂浆吸水率最大，28d吸水率为0.47%；IF砂浆吸水率最低，28d吸水率为0。

(5) 针对修复材料的碳化试验，推荐采用DL/T 5126—2021《聚合物改性水泥砂浆试验规程》[7] 中的碳化试验方法。经试验验证得出该试验方法可以有效地检测修复材料碳化深度。试验结果表明，RG、563、300、T2900和IF这5种修复材料28d碳化深度都为0。与环氧砂浆的测试结果一致（《国家建筑材料测试中心》，中心编号为WT2016B04N02660和2013E01146）。

(6) 针对修复材料的硫酸盐侵蚀试验，推荐采用GB/T 50082—2009《普通混凝土长期性能和耐久性能试验方法标准》[11] 中的硫酸盐侵蚀试验方法。经试验验证得出该试验方法可以有效地检测修复材料抗硫酸盐侵蚀性能。试验结果表明，RG、563、300、T2900和IF这5种修复材料中，IF砂浆在90次的硫酸盐侵蚀后抗压强度最大，抗压强度为104.5MPa，且T2900在90次硫酸盐干湿循环后的抗压强度耐蚀系数高达104%；

T2900砂浆60次的硫酸盐侵蚀后抗压强度最小，抗压强度为17.61MPa，且T2900在60次硫酸盐干湿循环后的抗压强度耐蚀系数低于75%。

(7) 针对修复材料的抗氯离子渗透试验，RG、T2900和IF砂浆推荐采用DL/T 5126—2021《聚合物改性水泥砂浆试验规程》[7] 中的抗氯离子渗透试验方法，300和563砂浆推荐采用DL/T 5150—2017《水工混凝土试验规程》[8] 中的抗氯离子渗透试验方法。经试验验证得出该试验方法可以有效地检测修复材料抗氯离子渗透性能。试验结果表明，RG、563、300、T2900和IF这5种修复材料中，RG、T2900和IF修复材料浸泡在2.5%氯化钠溶液60d后氯离子渗透深度为0。563修复材料抗氯离子渗透试验数据见表9-17。试验数据表明，563修复材料48d非稳态氯离子迁移系数为$4.5\times10^{-13}m^2/s$，300修复材料48d非稳态氯离子迁移系数为$1.3\times10^{-13}m^2/s$。

(8) 针对修复材料的紫外线老化试验，推荐采用《考虑紫外线辐射影响的高寒区面板混凝土耐久性研究》[15] 中的紫外线老化试验方法。经试验验证得出该试验方法可以有效地检测修复材料抗紫外线老化性能。试验结果表明，RG、563、300、T2900和IF这5种修复材料中，300修复材料在30d的紫外线老化后抗压强度最大，为79.33MPa；T2900修复材料30d的紫外线老化后抗压强度最小，抗压强度为17.61MPa。

第5章　聚氨酯类修复砂浆及其与混凝土界面的抗冲击性能

在水利工程中，泄水建筑物如溢洪道、泄洪隧洞等长期承受着水流冲击、磨损等力学作用，对混凝土结构的稳定性和安全性构成威胁。传统的修复材料虽能满足一定要求，但在抗冲击性能方面存在不足。聚氨酯修复砂浆作为一种新型修复材料，因其优异的物理和化学性能，在混凝土结构修复领域展现出巨大潜力。然而，关于聚氨酯修复砂浆及其与混凝土界面抗冲击性能的研究尚不充分。因此，本章将通过冲击试验及显微电镜试验方法，探究聚氨酯修复砂浆及其与混凝土黏结界面的抗冲击性能。

5.1　抗冲击性能的演变规律及冲击破坏机理

5.1.1　基底混凝土及聚氨酯修复砂浆试件抗冲击性能试验结果

基底混凝土抗冲击性能试验结果见表5-1。抗冲击试验前后试件如图5-1所示。从图中可以看出，试件的破坏形态呈现一字形，试件呈现典型的脆性破坏。

表5-1　基底混凝土抗冲击性能试验对果

试件编号	初裂、终裂冲击次数		初裂、终裂抗冲击强度/MPa		抗冲击强度评定值/MPa
	N_1	N_2	f_1	f_2	
A	5	5	0.42	0.42	
B	4	4	0.33	0.33	0.36
C	4	4	0.33	0.33	

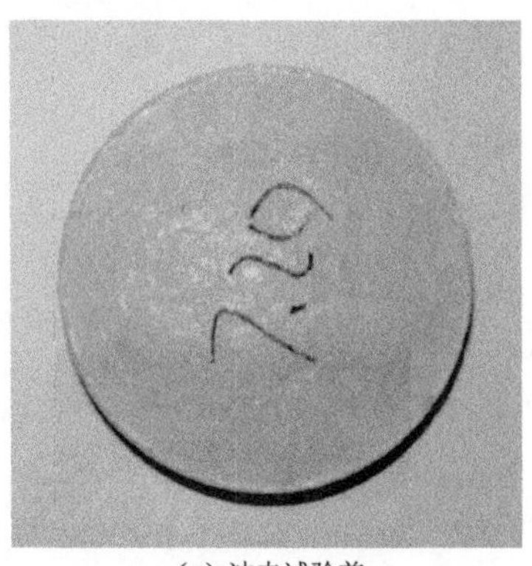

(a) 冲击试验前

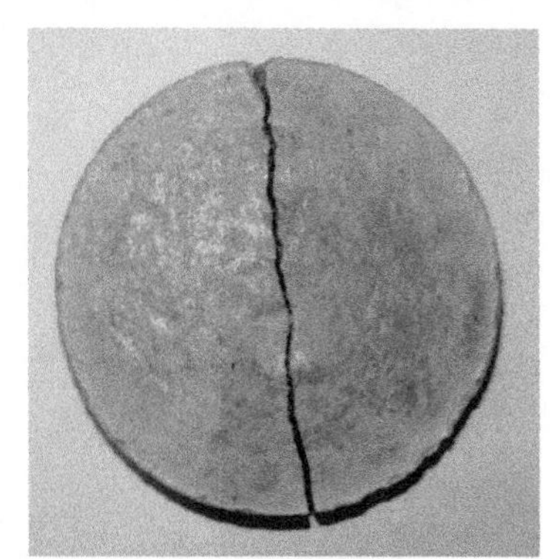

(b) 冲击试验后

图5-1　基底混凝土抗冲击试验前后试件形态

聚氨酯修复砂浆抗冲击性能的试验结果见表5-2。聚氨酯修复砂浆抗冲击性能试验破坏形态如图5-2所示。抗冲击性能试验后试件并未产生明显裂纹，而是在试件中心形成了深约10mm的凹坑，试件形态保持较好。

表5-2　聚氨酯修复砂浆抗冲击性能试验结果

试件编号	小球质量/kg	下落高度/mm	终裂冲击次数	终裂抗冲击强度/MPa	终裂抗冲击强度评定值/MPa
A	4.5	1500	473	39.35	40.35
B	4.5	1500	459	38.18	
C	4.5	1500	523	43.51	

抗冲击性能是直接反映、评价或判断一种材料的抵抗冲击能力（脆性、韧性程度）的指标。由表5-2试验数据可以得出，聚氨酯修复砂浆抗冲击强度为40.35MPa，具有良好的抗冲击性能。这主要是因为聚氨酯修复砂浆具有良好的力学性能，其抗拉强度和弹性模量都大于普通砂浆，对冲击力具有更好的应变和变形能力，可以很好地缓解冲击力。此外，聚氨酯修复砂浆的有机结构和不同的成分之间具有高度结合力，能够形成一致性胶结，提供良好的弹性，吸收冲击力。

图5-2　聚氨酯修复砂浆抗冲击性能试验破坏形态

5.1.2　聚氨酯修复砂浆—混凝土组合试件抗冲击性能试验结果

对不同修复层厚（1cm、2cm、3cm）、不同粗糙度（0mm、1.5mm、3mm、4mm）和不同饱水度（0、30%、70%、100%）的聚氨酯修复砂浆—基底混凝土组合试件进行抗冲击性能试验，结果如下。

1. 修复层厚对抗冲击性能的影响

为探究修复层厚对聚氨酯修复砂浆—基底混凝土组合试件抗冲击性能强度的影响规律，将不同修复层厚（1cm、2cm、3cm）的组合试件养护到规定龄期后进行抗冲击试验，抗冲击强度按式（3-14）进行计算。

对不同修复层厚聚氨酯修复砂浆—基底混凝土组合试件进行抗冲击试验，试件初裂、终裂冲击次数及延性指数见表5-3。

表5-3　不同修复层厚下试件冲击次数及延性指数

修复层厚/cm	试件编号	初裂、终裂冲击次数		初裂、终裂冲击次数平均值		延性指数
		N_1	N_2	$\overline{N}_1$	$\overline{N}_2$	
1	A	9	11	9.7	12.0	0.24
	B	8	10			
	C	12	15			

续表

修复层厚/cm	试件编号	初裂、终裂冲击次数		初裂、终裂冲击次数平均值		延性指数
		N_1	N_2	$\overline{N}_1$	$\overline{N}_2$	
2	A	25	42	27.7	42.0	0.52
	B	28	39			
	C	30	45			
3	A	42	74	46.0	75.7	0.64
	B	47	78			
	C	49	75			

根据表 5-3，绘制试件初裂、终裂冲击次数及延性指数与不同修复层厚的变化关系如图 5-3 所示。由图 5-3 可以看出，修复层厚对组合试件的抗冲击次数及延性指数有着显著的积极影响，当修复层厚为 1cm、2cm 和 3cm 时，修复后组合试件初裂、终裂冲击次数分别为 9.7 次、12 次，27.7 次、42 次，46 次、75.7 次。随着修复层厚的不断提升，聚氨酯修复砂浆与基底混凝土组合试件的初裂和终裂冲击次数逐步增加。修复层厚为 1cm、2cm 和 3cm 时延性指数分别为 0.24、0.52 和 0.64，试件延性指数随着修复层厚的提升不断增加，即韧性增大。与修复层厚 1cm 时相比，修复层厚度为 2cm 和 3cm 的组合试件延性指数分别提高了 116.67%和 166.67%。

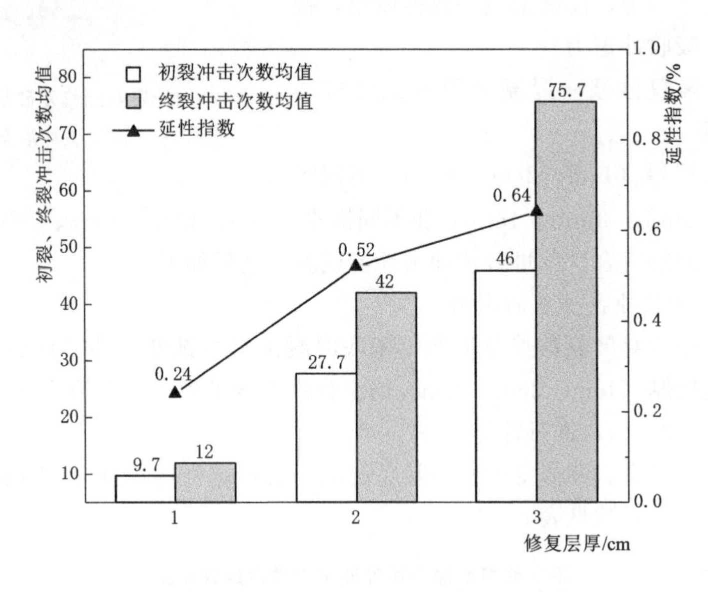

图 5-3　不同修复层厚下冲击次数及延性指数

对试验结果进行整理，并依照公式计算组合试件初裂和终裂抗冲击强度以及抗冲击强度增长率，统计结果见表 5-4。根据表 5-4 中的数据，绘制试件初裂和终裂抗冲击强度与不同修复层厚的变化关系图，如图 5-4 所示。

表 5-4　　不同修复层厚下的组合试件抗冲击强度

修复层厚/cm	初裂、终裂抗冲击强度/MPa		初裂、终裂抗冲击强度增长率/%	
	f_1	f_2	αf_1	αf_2
1	0.66	0.82	0	0
2	1.59	2.42	142	196
3	2.30	3.78	248	362

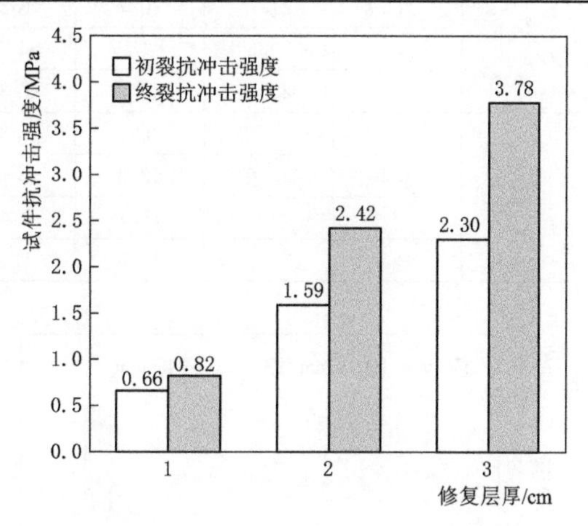

图 5-4　不同修复层厚下抗冲击强度

由图 5-4 可以得出，修复层厚对组合试件的初裂和终裂抗冲击强度有着显著的积极影响，当修复层厚为 1cm、2cm 和 3cm 时，修复后组合试件初裂和终裂抗冲击强度分别为 0.66MPa、0.82MPa，1.59MPa、2.42MP 和 2.3MPa、3.78MPa。随着修复层厚的不断提升，聚氨酯修复砂浆与基底混凝土组合试件的初裂和终裂抗冲击强度逐步增加，可以得出本试验采用的聚氨酯修复砂浆对冲击力具有更好的应变和变形能力，可以很好地缓解冲击力。当冲击荷载作用于修复材料表面后，冲击能逐渐向界面和基底混凝土耗散，微裂纹逐渐扩散且吸收冲击能。随着修复层厚度的增加，修复层砂浆的冲击韧性增大，能够耗散冲击能的逐渐增加，冲击能被耗散的就越多，冲击能对修复界面处的损伤就越小，修复后结构的抗冲击性能越强。由此可见，在考虑经济合理性的前提下，适当提高修复层厚可以提高修复后组合试件的抗冲击强度。

2. 粗糙度对抗冲击性能的影响

对不同粗糙度和不同修复层厚的聚氨酯修复砂浆—基底混凝土组合试件进行抗冲击试验，试件初裂、终裂冲击次数等试验数据见表 5-5。根据表 5-5 中的数据绘制不同粗糙度和不同修复层厚下冲击次数及延性指数变化如图 5-5 和图 5-6 所示。

表 5-5　　不同界面粗糙度下的组合试件抗冲击强度

修复层厚/cm	界面粗糙度/mm	初裂、终裂冲击次数平均值		初裂、终裂抗冲击强度评定值/MPa		初裂、终裂抗冲击强度增长率/%		初裂至终裂冲击耗能/(N·m)
		N_1	N_2	f_1	f_2	αf_1	αf_2	
1	0	9.7	12	0.66	0.82	0	0	152.15
	1.5	13.3	17.7	0.91	1.2	37.11	47.5	291.06
	3	18.3	26.3	1.25	1.79	88.66	119.17	529.2
	4.5	13.7	18.3	0.93	1.25	41.24	52.5	304.29

续表

修复层厚/cm	界面粗糙度/mm	初裂、终裂冲击次数平均值		初裂、终裂抗冲击强度评定值/MPa		初裂、终裂抗冲击强度增长率/%		初裂至终裂冲击耗能/(N·m)
		N_1	N_2	f_1	f_2	αf_1	αf_2	
2	0	17.7	23	1.02	1.32	0	0	350.6
	1.5	21.7	30.7	1.25	1.77	22.6	33.48	595.35
	3	29.6	45	1.7	2.59	67.23	95.65	1018.71
	4.5	23.3	35.7	1.34	2.06	31.64	55.22	820.26
3	0	27	36.7	1.35	1.83	0	0	641.66
	1.5	35.6	52.3	1.78	2.61	31.85	42.51	1104.71
	3	49	75.7	2.45	3.78	81.48	106.27	1766.21
	4.5	32.7	47.3	1.63	2.36	21.11	28.88	965.79

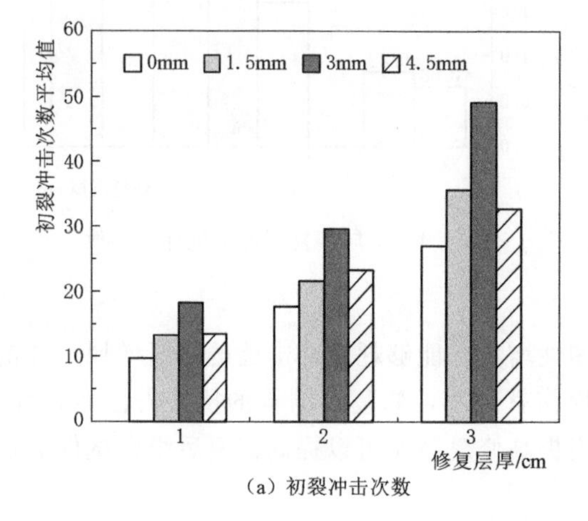

(a) 初裂冲击次数

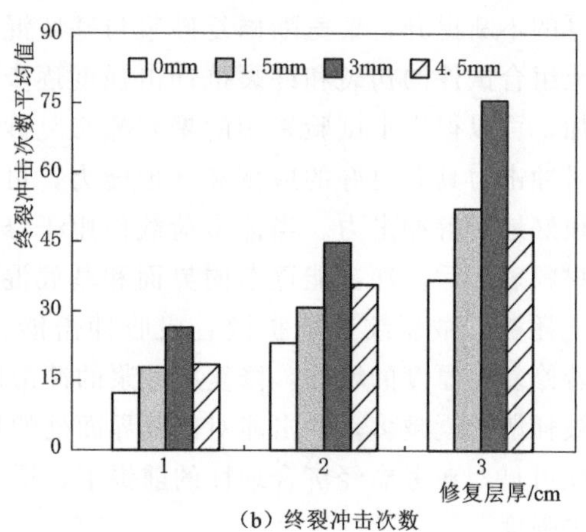

(b) 终裂冲击次数

图 5-5　不同粗糙度下的初裂、终裂冲击次数

由图 5-5 及图 5-6 可以看出，随着基底混凝土界面粗糙度的增大，修复后组合试件的抗冲击性能提高。当修复层厚度一定时，随着界面粗糙度的增加，修复后组合试件的试件初裂、终裂次数和初裂至终裂冲击耗能不断增大。以修复层厚为 3cm 时为例，界面粗糙度为 0mm、1.5mm、3mm 和 4.5mm 时的终裂冲击次数平均值分别为 36.7 次、52.3 次、75.7 次和 47.3 次，3mm 粗糙度时终裂冲击次数更是达到了 0mm 粗糙度时终裂冲击次数的 2.06 倍。随着界面粗糙度的增加，修复后组合试件初裂至终裂冲击耗能增长明显，界面粗糙度为 0mm、1.5mm、3mm 和 4.5mm 的组合试件初裂至终裂冲击耗能分别为 641.66N·m、1104.71N·m、

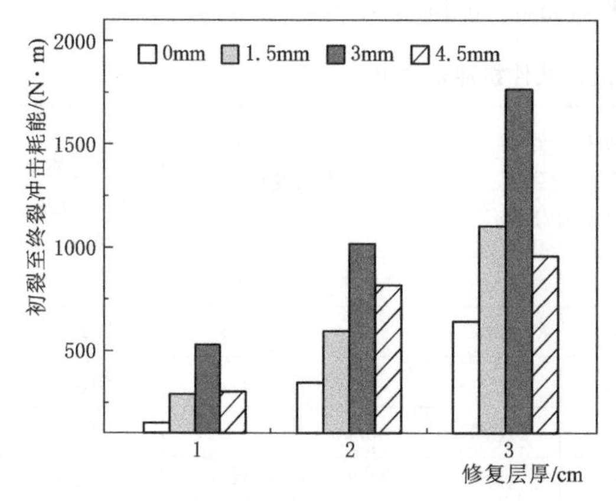

图 5-6　不同粗糙度下初裂至终裂冲击耗能

1766.21N·m 和 2487.24N·m，由此可见，界面粗糙度对提高修复后组合试件的抗冲击强度有着积极的影响。

根据表 5-5 中的数据绘制不同粗糙度和不同修复层厚下初裂、终裂抗冲击强度及其增长率变化图如图 5-7 所示。由图 5-7 可以得出，随着基底混凝土界面粗糙度的增大，组合试件抗冲击性能也有提高，但超过一定界面粗糙度后，抗冲击性能提升的效果减弱。以修复层厚为 1cm 时为例，界面粗糙度为 0mm、1.5mm、3mm 和 4.5mm 时的组合试件的终裂抗冲击强度分别为 0.82MPa、1.2MPa、1.79MPa 和 1.25MPa。相比 0mm 粗糙度，1.5mm、3mm 和 4.5mm 粗糙度时的组合试件终裂抗冲击强度增长率分别为 47.5%、119.17%和 52.50%。这主要是由于以下两个方面：一方面，随着界面粗糙度的增大，使得界面处聚氨酯修复砂浆与基底混凝土的接触面积增大，形成很好的咬合，提高了试件的抗冲击能力；另一方面，当竖向冲击荷载作用于聚氨酯修复砂浆层时，聚氨酯修复砂浆发生竖向变形的同时，也会产生横向应变，基底混凝土界面处的凹凸键槽会约束聚氨酯修复砂浆的横向应变，消耗冲击能量，提高修复结构的抗冲击性能。以上两者的双重作用提高了修复结构的抗冲击性能。因此，在一定界面粗糙度范围内，随着基底混凝土的粗糙度提高，两者之间的黏结力增大，修复结构的抗冲击性能提高，但当超过一定界面粗糙度时，对修复结构抗冲击性能提升的效果减弱。

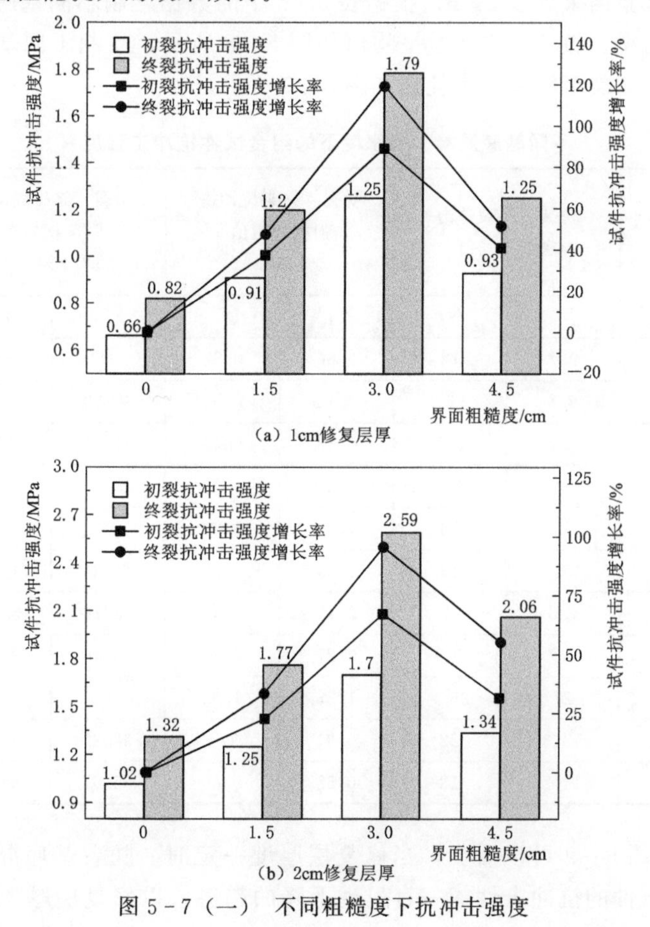

(a) 1cm修复层厚

(b) 2cm修复层厚

图 5-7（一） 不同粗糙度下抗冲击强度

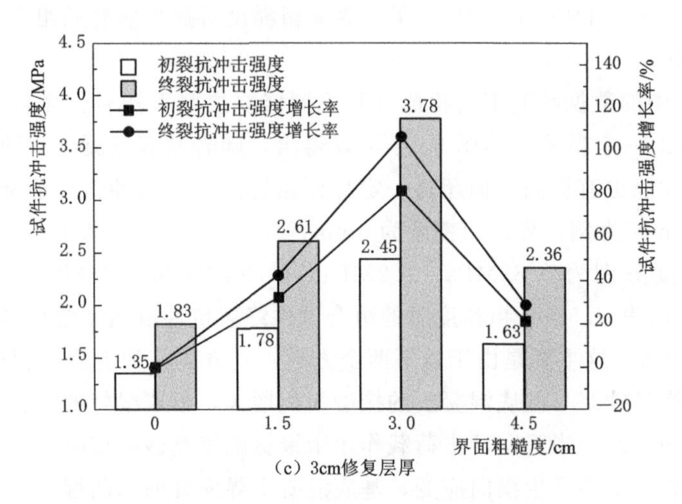

图 5-7（二）　不同粗糙度下抗冲击强度

3. 饱水度对抗冲击性能的影响

对不同基底混凝土饱水度和不同修复层厚的聚氨酯修复砂浆—基底混凝土组合试件进行抗冲击试验，试验结果见表 5-6。根据表 5-6 中的数据绘制不同基底混凝土饱水度和不同修复层厚下初裂、破坏冲击次数平均值如图 5-8 所示，绘制不同基底混凝土饱水度和不同修复层厚下初裂至终裂冲击耗能如图 5-9 所示。

表 5-6　　不同基底混凝土饱水度下的组合试件抗冲击强度

修复层厚/cm	基底混凝土饱水度/%	初裂、终裂冲击次数平均值		初裂、终裂抗冲击强度评定值/MPa		初裂、终裂抗冲击强度损失率/%		初裂至终裂冲击耗能/(N·m)
		N_1	N_2	f_1	f_2	γf_1	γf_2	
1	0	9.7	12	0.66	0.82	0	0	152.15
	30	6.7	8	0.46	0.54	30.93	33.33	86
	70	5.7	6.3	0.39	0.43	41.24	47.5	39.69
	100	4	4.3	0.27	0.29	58.76	64.17	19.85
2	0	17.7	23	1.02	1.32	0	0	350.6
	30	10.3	12	0.59	0.69	41.81	47.83	112.46
	70	7.3	8	0.42	0.46	58.76	65.22	46.31
	100	4.7	5.3	0.27	0.31	73.45	76.96	39.69
3	0	27	36.7	1.35	1.83	0	0	641.66
	30	18.3	22	0.91	1.1	32.22	40.05	244.76
	70	11.7	13	0.58	0.65	56.67	64.58	86

由图 5-8 及图 5-9 可以看出，当修复层厚度一定时，随着基底混凝土饱水度的增大，修复后组合试件的抗冲击性能一直呈现下降的趋势。以修复层厚为 3cm 时为例，基

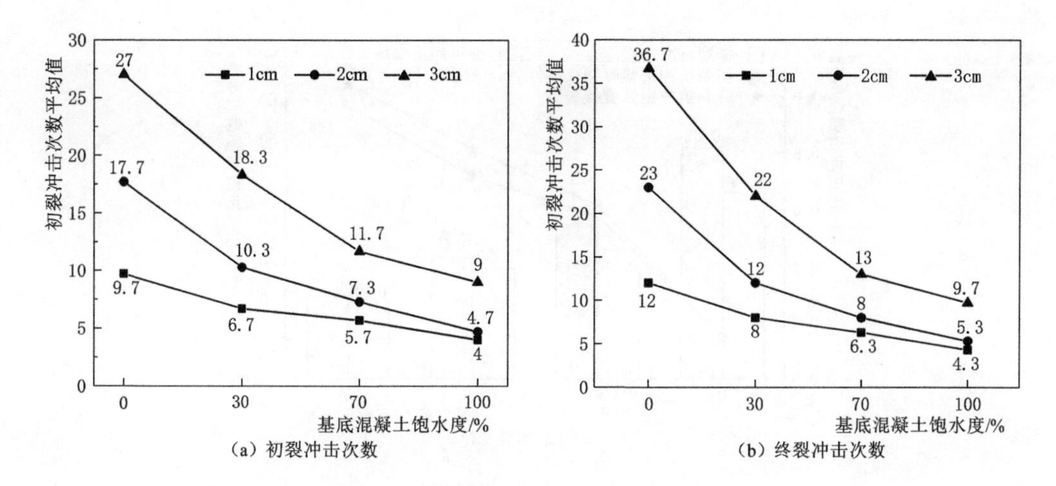

图 5-8　不同饱水度下初裂和终裂冲击次数

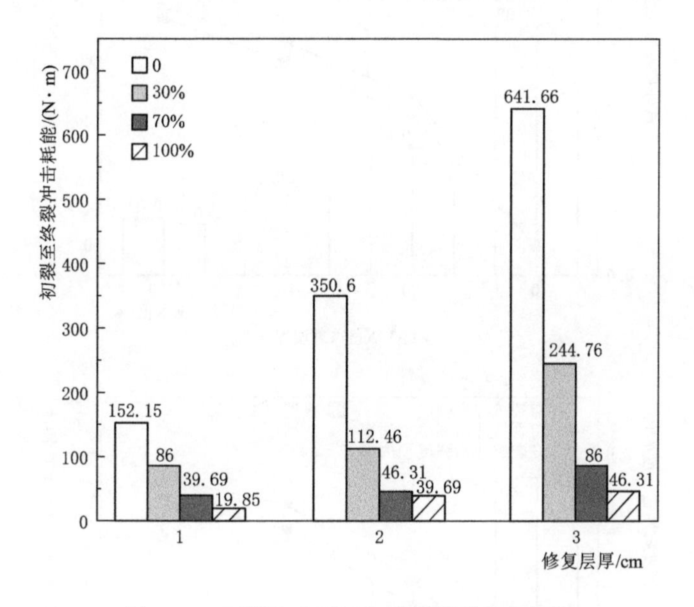

图 5-9　不同饱水度下初裂至终裂冲击耗能

底混凝土饱水度为 0、30%、70%和 100%时的终裂冲击次数平均值分别为 36.7 次、22 次、13 次和 9.7 次，100%饱水度时试件的终裂冲击次数仅达到了 0 饱水度试件终裂冲击次数的 26.4%。随着基底混凝土饱水度的增加，修复后组合试件初裂至终裂冲击耗能下降明显，面饱水度为 0、30%、70%和 100%的组合试件初裂至终裂冲击耗能分别为 641.66N·m、244.76N·m、86N·m 和 46.31N·m，由此可见，高基底混凝土饱水度不利于提高修复后组合试件的抗冲击强度。

根据表 5-6 中的数据绘制不同基底混凝土饱水度和不同修复层厚下初裂、破坏抗冲击强度及其增长率如图 5-10 所示。

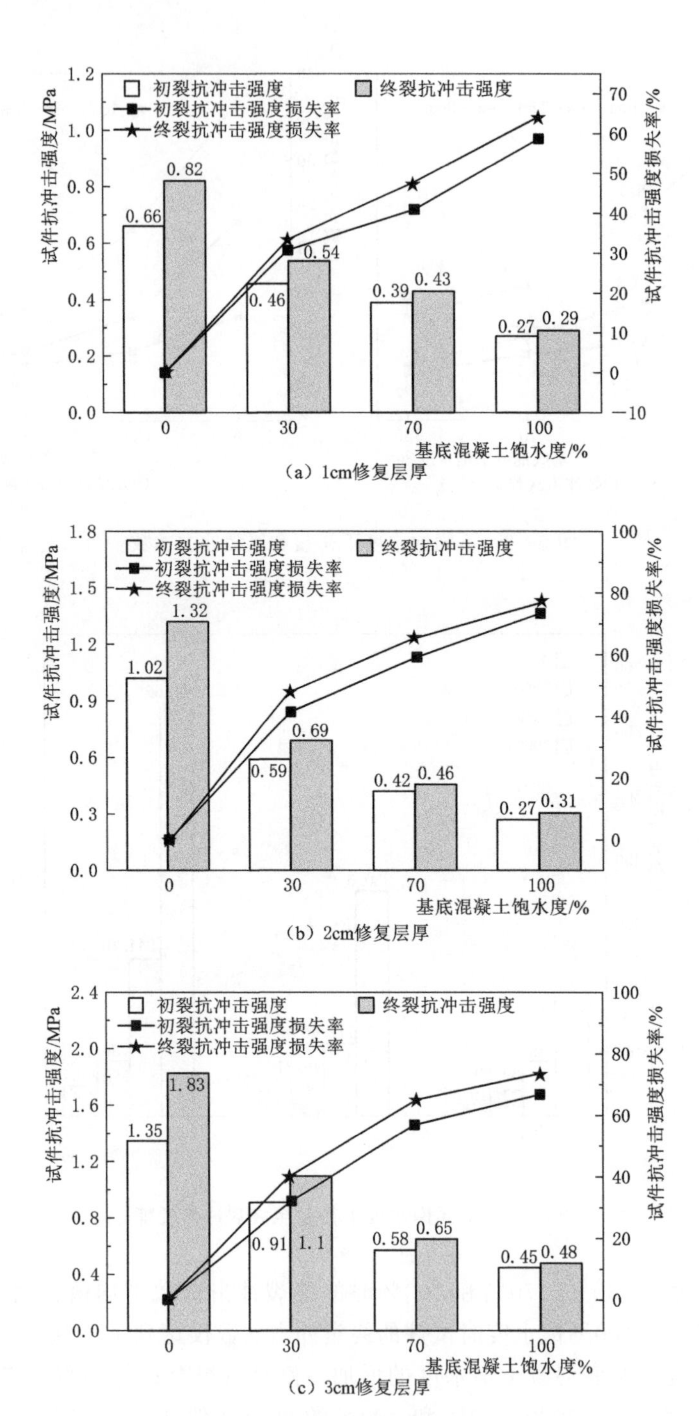

图5-10 不同饱水度下抗冲击强度

结合表5-6和图5-10可以看出，同一修复层厚度的情况下，相比于0饱水度，30%、70%和100%饱水度时聚氨酯修复砂浆修复混凝土后的试件抗冲击性能都呈现减弱的趋势。以修复层厚为3cm时为例，基底混凝土饱水度为0、30%、70%和100%时的终裂抗冲击强度分别为 1.83MPa、1.10MPa、0.65MPa 和 0.48MPa，100%饱水度时试件的终裂抗冲击强度损失率达到了 73.57%。这主要是由于以下几个方面的影响：当基底混凝土饱水度过高时，水分会在混凝土表面形成一层水膜，这会降低聚氨酯修复砂浆与基底混凝土表面的接触面积，影响试件的整体性，从而降低试件抗冲击强度；基底混凝土饱水度增大会影响聚氨酯修复砂浆黏结和固化过程，降低试件的整体强度和抗冲击性能。因此，在实际聚氨酯修复砂浆修复混凝土工程中，需要根据具体情况控制基底混凝土饱水度，以实现最佳的修复效果和抗冲击性能。

5.1.3 抗冲击试件破坏形态分析

在冲击荷载作用下聚氨酯修复砂浆与基底混凝土组合试件最终的破坏状态相似，均在荷载作用下碎成几块，试件开裂的中心点即冲击球落下与试件接触的位置。试件初始受到冲击荷载时，钢球与圆饼试件发生撞击后，钢球会有略微的撞击回弹情况，破坏最开始发生时，首先在试件下部基底混凝土背面出现一条极细的微裂纹，随冲击次数的不断增加，与混凝土试件不同没有发生脆性破坏立即开裂成两半，仍有继续承担冲击荷载并吸收冲击能量的能力，同时基底混凝土背面的中心受力点出现一些集中裂纹，冲击次数达到一定程度时中心裂纹开始扩展，随后试件上部的聚氨酯修复砂浆出现凹痕或呈凹陷状，吸收了部分开裂产生的能量。下部基底混凝土背面的裂缝也逐渐呈不规则形态扩展至侧面，直至最终聚氨酯修复砂浆—基底混凝土组合试件破坏。是由于裂纹往往会从最脆弱的部位开始出现，由以上可以得出聚氨酯修复砂浆的抗冲击强度远高于基底混凝土，因此在组合试件中，聚氨酯修复层与基底混凝土之间存在较大的强度差异，裂纹会从基底混凝土开始出现。

根据断裂力学原理，试件的开裂必定由一条或数条较大的裂缝或微孔洞处优先发展形成主裂缝。本试验中试件的主裂纹在冲击荷载下来不及发展，冲击能量被试件中的聚氨酯砂浆、微裂纹和弱截面所吸收，因此形成多点微裂纹同时起裂。与混凝土一般以一条主裂缝开裂扩展直至破坏情况不一样，多数聚氨酯修复砂浆—基底混凝土组合试件断裂面呈现T形、三叉形和十字形分布，说明试件在受到冲击后，并没有发生基底混凝土试件的脆性破坏，试件抗冲击韧性及抗冲击性能较好。由于修复层厚的不同，聚氨酯修复砂浆—基底混凝土组合试件破坏过程与最终破坏形态均有较大不同。图 5-11 (a)～(c) 给出了在三种不同修复厚度下的试件破坏形态，可以看出，聚氨酯修复砂浆与基底混凝土组合试件表现为明显的延性破坏，尤其是修复层厚为 2cm 和 3cm 时，试件表面出现第一条裂缝时，仍能继续承受很多次的冲击循环，继续承受冲击荷载，裂纹发展向四周扩展出多条裂缝，最先出现的裂缝发展成为主裂缝，聚氨酯修复砂浆修复层凹陷逐渐加深，最终试件破坏。相比于 1cm 修复层厚，2cm 和 3cm 修复层厚下的聚氨酯修复砂浆—基底混凝土组合试件抗冲击韧性好，抗冲击性能较大。在对不同界面粗糙度和饱水度的修复试件进行抗冲击试验过程中，不同界面粗糙度和饱水度下的聚氨酯修复砂浆与基底混凝土组合试件最终破坏形态也不相同，如图 5-12 及图 5-13 所示。随着界面粗糙度的增大，饱水度的减小，试件破坏的起裂条数增加，裂纹发展更广，说明试件韧性及抗冲击强度都有提升。

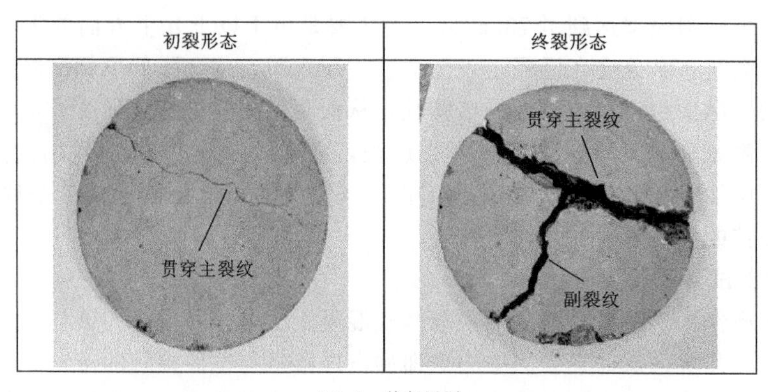

(a) 1cm修复层厚

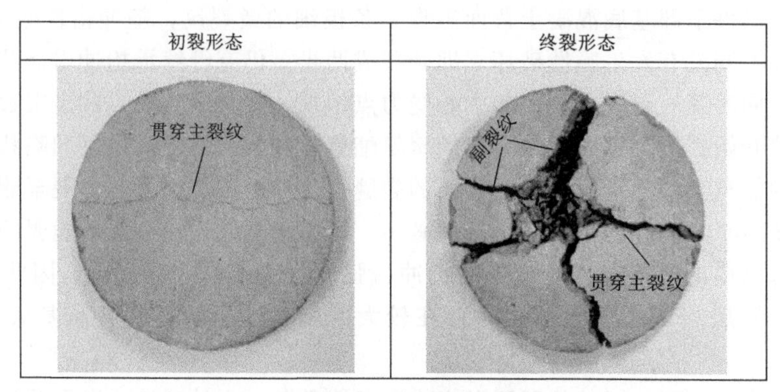

(b) 2cm修复层厚

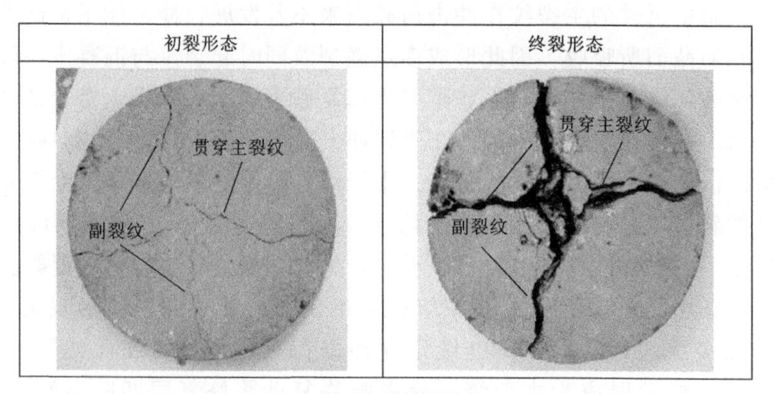

(c) 3cm修复层厚

图 5-11　不同修复层厚下试件冲击破坏形态

经上述分析可知，通过提高修复层厚、界面粗糙度（1～3mm）以及降低基底混凝土饱水度对试件抗冲击性能有明显提升效果。试件冲击破坏形态发生改变，初裂、终裂次数、延性指标等提升较大，降低了试件开裂敏感性，使试件在初裂发生后仍能承受较大次数的落锤冲击，试件的冲击韧性得到显著增强。

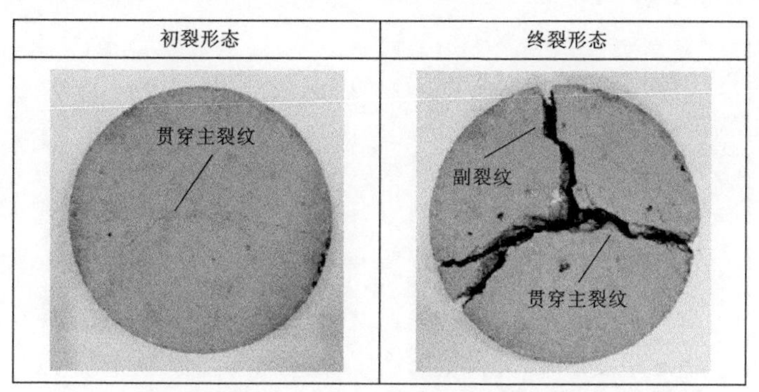

（a）0mm粗糙度

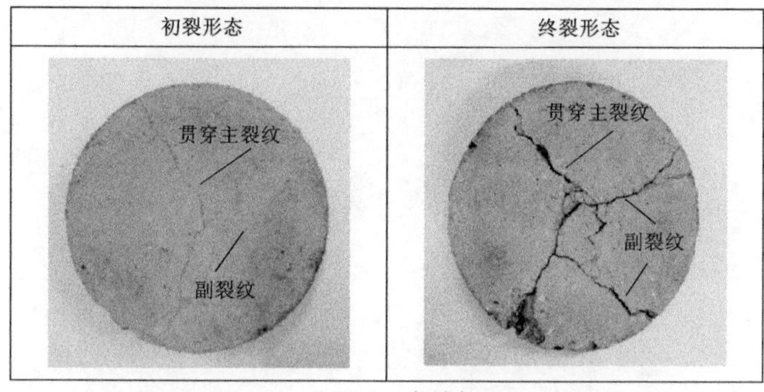

（b）1.5mm粗糙度

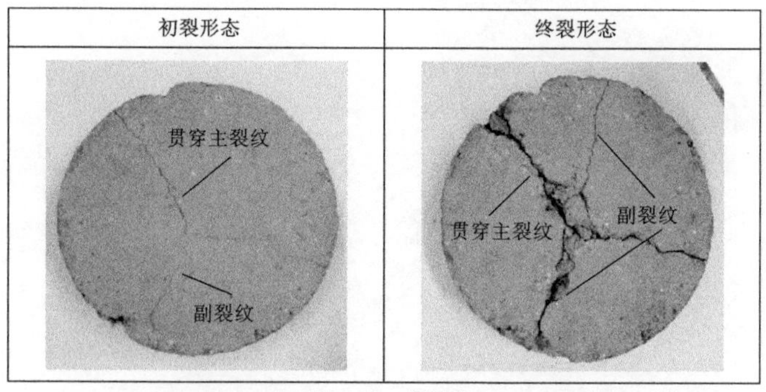

（c）3.0mm粗糙度

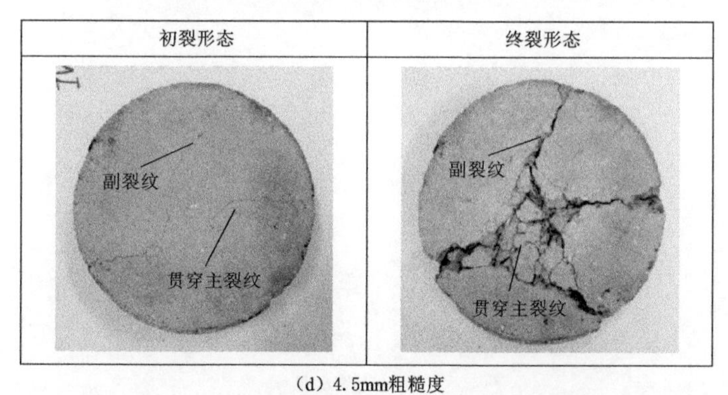

（d）4.5mm粗糙度

图 5－12　不同界面粗糙度下试件冲击破坏形态

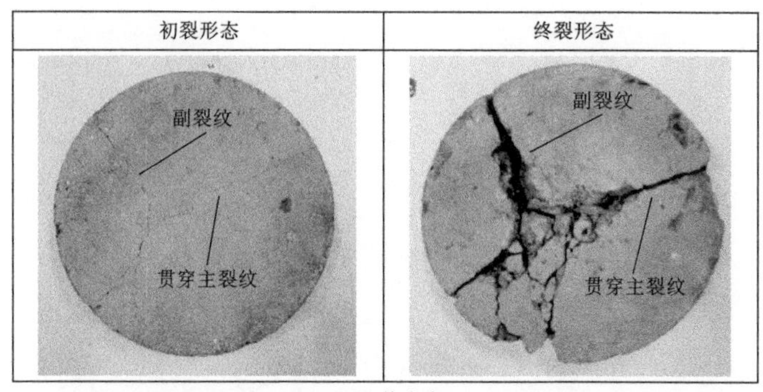

（a）0饱水度

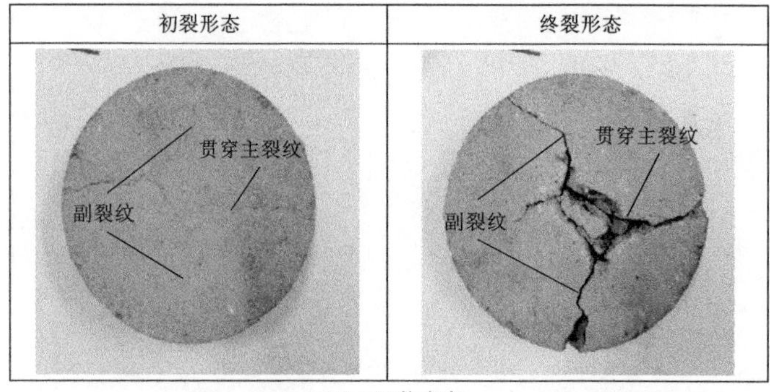

（b）30%饱水度

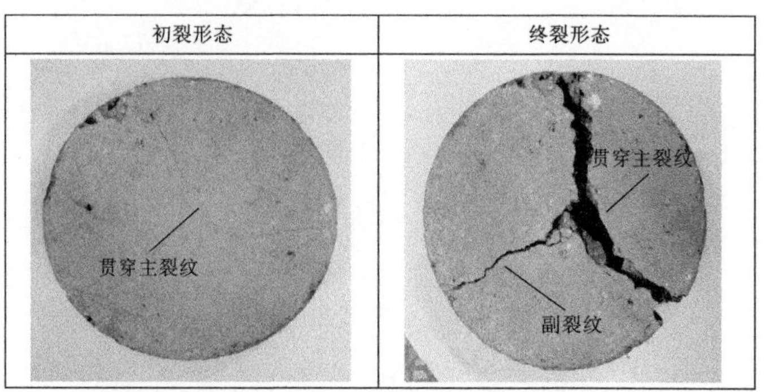

（c）70%饱水度

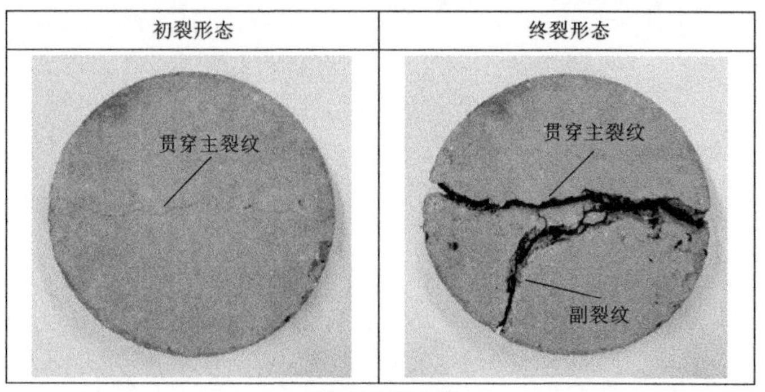

（d）100%饱水度

图 5－13　不同基底混凝土饱水度下试件冲击破坏形态

5.2 界面微观形态

不同基底混凝土饱水度下黏结界面微观形态如图 5-14 所示。试验结果如下。

5.2.1 基底混凝土粗糙度对界面微观结构的影响

聚氨酯修复砂浆—基底混凝土界面是黏结体系的关键部位，这种黏结的有效性通常受到界面粗糙度的影响。通过采用电子扫描显微镜研究黏结基底混凝土粗糙度变化下聚氨酯修复砂浆—基底混凝土界面的纳米级黏附机理，不同基底混凝土界面粗糙度的黏结界面微观结构如图 5-14 所示。

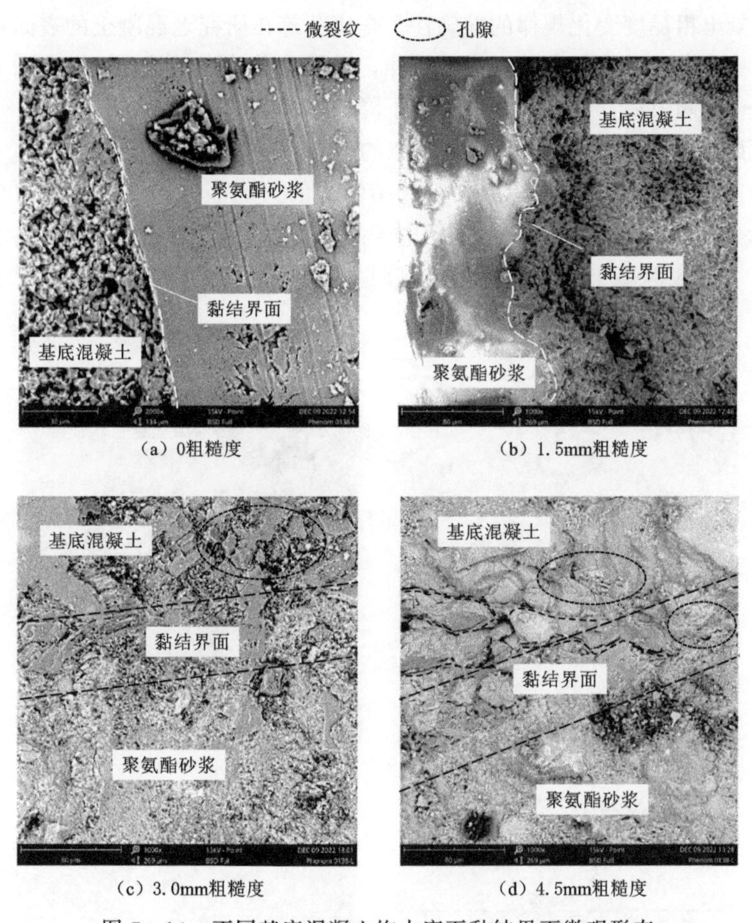

图 5-14　不同基底混凝土饱水度下黏结界面微观形态

由图 5-14 可以看出，随着界面粗糙度的增大，聚氨酯修复砂浆与基底混凝土形成了较好的机械咬合形态，但界面处孔隙及微裂纹整体呈现出增大、增多的趋势，甚至在粗糙度为 4.5mm 时界面处基底混凝土整体呈现破裂的现象，存在更多孔的内部结构、微裂缝变多的现象，使得界面处整体性变弱。如图 5-14 (a) 所示，在粗糙度为 0mm 时，聚氨酯修复砂浆与基底混凝土黏结界面清晰可见，结合紧密，无明显缺陷。如图 5-14 (b) 所示，在粗糙度为 1.5mm 时，能观察到由于粗糙度的影响，可以明显看到聚氨酯修复砂浆嵌入基底混凝土中，黏结界面呈犬牙交错状，贴合紧密，尚无明显缺陷。如图 5-14（c）所示，当粗糙度为 3mm 时，基底混凝土凹槽部分被聚氨酯修复砂浆覆盖，贴合紧密，这表明聚氨酯修复砂浆与基底混凝土之间的黏结强度有增大的趋势，但界面处孔隙有增大的趋势，未观测到明显微裂纹。如图 5-14（d）所示，当粗糙度为 4.5mm 时，可以看到聚氨酯修复砂浆与基底混凝土黏结界面处孔隙增大，微裂纹较多，结合较差。从微观角度验证了由于基底混凝土粗糙度增大时，聚氨酯浆体嵌入基底混凝土的凹槽以及开放的孔隙和孔洞，呈犬牙交错状，提高了聚氨酯修复砂浆与基底混凝土的接触面积，使得机械咬合力增大，从而提高界面黏结性能。但粗糙度超过一定范围，会导致界面处的孔隙增大，微裂纹增多，使得界面处的空隙含量变高，显著影响界面黏结性能。这一微观试验验证了前文所进行界面抗剪强度和抗冲击强度随着基底混凝土粗糙度变化规律的准确性。李庚英等在研究老混凝土的表面粗糙度对试件的界面性能影响的微观试验时也发现类似规律，界面的黏结强度随着粗糙度增大而升高，但当粗糙度超过一定阈值后，黏结强度呈现着下降的趋势。

5.2.2 基底混凝土饱水度对界面微观形态的影响

聚氨酯修复砂浆—基底混凝土界面是黏结体系的关键部位，这种黏结的有效性往往也受到界面上水分的存在的影响。通过采用电子扫描显微镜研究基底混凝土饱水度变化下聚氨酯修复砂浆—基底混凝土界面的纳米级黏附机理，不同基底混凝土饱水度下黏结界面微观形态如图 5-15 所示。

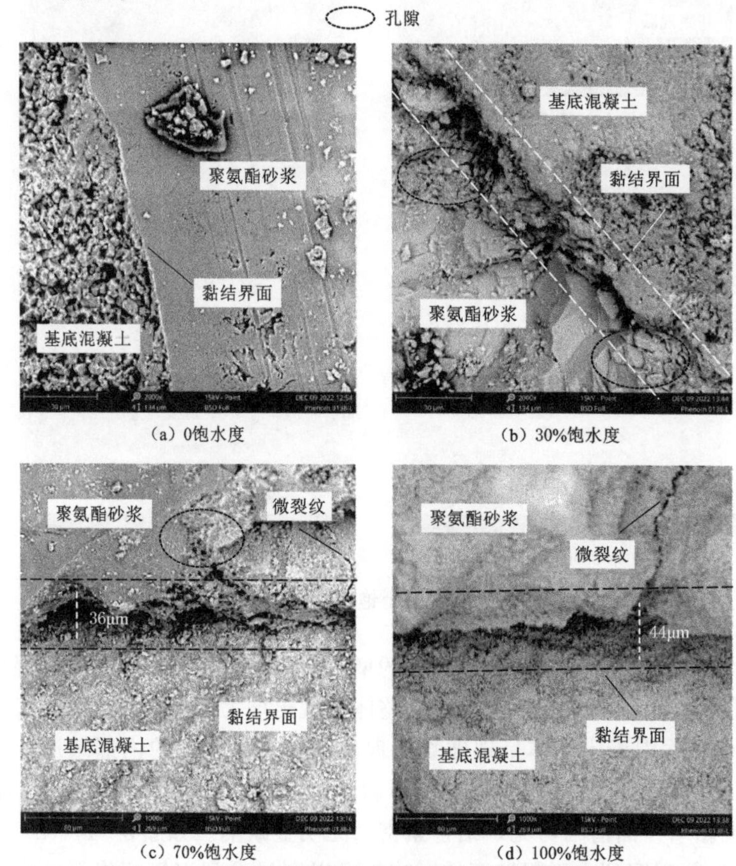

(a) 0饱水度　(b) 30%饱水度

(c) 70%饱水度　(d) 100%饱水度

图 5-15 不同基底混凝土饱水度下黏结界面微观形态

由图5-15可以看出，随着基底混凝土饱水度的增大，聚氨酯修复砂浆与基底混凝土的界面宽度整体呈现出增大的趋势，甚至在饱水度为70%和100%时，聚氨酯修复砂浆和基底混凝土界面处出现脱空的现象，较高的基底混凝土饱水度会增加界面区域的水灰比，并在该区域产生更多孔的内部结构，微裂缝变多的现象，整体性变弱。如图5-15（a）所示，在饱水度为0时，聚氨酯修复砂浆与基底混凝土结合紧密，无明显缺陷。如图5-15（b）所示，在饱水度为30%时，聚氨酯修复砂浆与基底混凝土紧密贴合，但黏结界面处存在凹凸不平，孔隙增大以及界面过渡区变宽等现象，这是由于水分的存在影响到聚氨酯修复砂浆的固化反应进程。如图5-15（c）、（d）所示，当饱水度为70%和100%时，界面处出现微裂纹，聚氨酯修复砂浆与基底混凝土出现明显脱空状态，且100%饱水度的脱空较为严重，最宽为44μm。由上述微观分析可知随着饱水度的增大，界面处整体性较差。这是由于聚氨酯修复砂浆原材料中的疏水性物质会显著影响界面性能，具体来讲，聚氨酯砂浆中的疏水性物质阻碍聚氨酯浆体嵌入基底混凝土的凹槽以及开放的孔隙和孔洞，从而降低界面处黏结性能。另外，饱水度的增大也会在一定程度破坏聚氨酯修复砂浆的固化反应配合比体系，影响聚氨酯修复砂浆的固化速率，使得界面处的空隙含量也会受到影响，这一微观试验验证了前文所进行界面抗剪强度和抗冲击强度随着基底混凝土饱水度变化规律的准确性。

5.3 冲击破坏的预防措施

5.3.1 选择合适的修复材料

各种类型的修复材料在抗冲击性能方面都有所不同。例如，聚合物修复材料、水泥基和纤维增强修复材料等，在抗冲击性能方面具有不同的表现。聚合物修复材料是一种新型的修复材料，主要包括聚合物胶乳、树脂材料等，具有良好的抗冲击性能和耐久性，该种材料适用于较小面积的修复，可以快速固化并形成较强的修复层；水泥基修复材料是目前最常用的修复材料之一，可以用于修复不同类型和规模的基底混凝土，适用范围广，但其抗冲击性能相对较差，容易在受到冲击或振动时破坏，对于需要较高抗冲击性能的服役环境不太适用；纤维增强混凝土修复材料通过在砂浆中添加纤维来提高其抗拉强度和韧性，从而提高其抗冲击性能，该种材料的优点是具有良好的耐久性和抗裂性能，适用于较大面积的修复。总的来讲，不同种类的修复材料在提高基底混凝土结构的抗冲击性能方面具有不同的优缺点，需要根据具体情况选择合适的修复材料。

5.3.2 采取合理的粗糙度

随着基底混凝土界面粗糙度的增大，聚氨酯修复砂浆与基底混凝土界面结合较好，呈犬牙交错状，但界面处孔隙及微裂纹整体呈现出增大、增多的趋势，甚至在粗糙度为4.5mm时界面处基底混凝土整体呈现破裂的现象，存在更多孔的内部结构，微裂缝变多的现象，使得界面处整体性变弱，因此，采取合理的粗糙度是必要的。

5.3.3 保证基底混凝土表面干燥

随着基底混凝土饱水度的增大，聚氨酯修复砂浆与基底混凝土的界面宽度整体呈现出增大的趋势，且较高的基底混凝土饱水度会增加界面区域的水灰比，并在该区域产生更多孔的内部结构、微裂缝变多的现象，界面整体性变弱，因此，修复前保证基底混凝土表面干燥状态有利于修复后结构的整体性。

5.3.4 适当提高修复层厚度

依据本文试验研究结果，在聚氨酯修复砂浆的实际修复工程应用中，考虑到砂浆凝结时间较短，应现场搅拌，立刻浇筑，养护时间7d及7d以上为宜；为提高聚氨酯砂浆修复基底混凝土后结构的黏结强度及抗冲击性能，在修复前应对基底混凝土进行干燥处理，保证基底混凝土表面干燥，饱水度为0，同时选取合理的粗糙度对基底混凝土进行切槽处理。此外，在考虑经济合理性的前提下，可以适当提高修复层厚以提高修复后结构的抗冲击性能。

5.4 本 章 小 结

针对聚氨酯修复砂浆修复水工混凝土工程的需求，本章首先研究了聚氨酯修复砂浆抗冲击性试验，接着开展了聚氨酯修复砂浆—基底混凝土界面黏结强度试验，并确定了聚氨酯修复砂浆修复基底混凝土最优的粗糙度和饱水度。进一步研究了聚氨酯修复砂浆修复层厚度、基底混凝土饱水度和界面粗糙度对组合试件抗冲击性能的影响。最后，采用扫描电镜试验仪，对比分析不同基底混凝土饱水度和粗糙度的情况下，聚氨酯修复砂浆与基底混凝土黏结界面的微观形态，探究基底混凝土界面粗糙度和饱水度对界面微观形态的影响规律。本章的主要结论如下：

（1）本试验采用的聚氨酯修复砂浆具有良好的抗冲击性能，与基底混凝土相容性较好，能够抵抗外力引起的变形。

（2）随着基底混凝土界面粗糙度的增大，聚氨酯修复砂浆与基底混凝土界面抗剪强度呈现先增大后减小的趋势，最优粗糙度为3mm。是由于随着粗糙度的增加，聚氨酯修复砂浆与基底混凝土机械咬合力增大，但粗糙度超过一个阈值后可能会导致界面凹槽处产生初始损伤；聚氨酯修复砂浆与基底混凝土的黏结界面抗剪强度随着基底混凝土饱水度的增大而不断降低，最优基底混凝土饱水度为0。是由于聚氨酯修复砂浆中憎水性质的高分子聚合物不能溶解于水中，从而导致聚氨酯修复砂浆不能有效的黏结在基底混凝土上，且基底混凝土界面处的自由水会破坏聚氨酯修复砂浆固化反应的原料配合比体系，导致固化反应不充分，从而降低界面黏结性能。

（3）修复层厚对聚氨酯修复砂浆—基底混凝土试件的抗冲击强度有着显著的积极影响，随着修复层厚的不断提升，聚氨酯修复砂浆与基底混凝土组合试件的抗冲击性能逐步增加，最优修复层厚为3cm，因此，在考虑经济合理性的前提下，可以适当提高修复层厚；随着基底混凝土界面粗糙度的增大，聚氨酯修复砂浆—基底混凝土试件抗冲击性能提高，但超过一定界面粗糙度后，抗冲击性能提升的效果减弱，最优粗糙度为3mm；随着基底混凝土饱水度的增大，聚氨酯修复砂浆—基底混凝土试件抗冲击性能都呈现减弱的趋势，最优饱水度为0。

（4）通过从微观试验得出，随着基底混凝土界面粗糙度的增大，聚氨酯修复砂浆与基底混凝土界面结合较好，呈犬牙交错状，但界面处孔隙及微裂纹整体呈现出增大、增多的趋势，甚至在粗糙度为 4.5mm 时界面处基底混凝土整体呈现破裂的现象，存在更多孔的内部结构、微裂缝变多的现象，使得界面处整体性变弱，因此，采取合理的粗糙度是必要的。

（5）通过从微观试验得出，随着基底混凝土饱水度的增大，聚氨酯修复砂浆与基底混凝土的界面宽度整体呈现出增大的趋势，且较高的基底混凝土饱水度会增加界面区域的水灰比，并在该区域产生更多孔的内部结构，微裂缝变多的现象，界面整体性变弱，因此，修复前保证基底混凝土表面干燥状态有利于修复后结构的整体性。

（6）依据本章试验研究结果，在聚氨酯修复砂浆的实际修复工程应用中，考虑到砂浆凝结时间较短，应现场搅拌，立刻浇筑，养护时间 7d 及 7d 以上为宜；为提高聚氨酯修复砂浆修复基底混凝土后结构的黏结强度及抗冲击性能，在修复前应对基底混凝土进行干燥处理，保证基底混凝土表面干燥，饱水度为 0，同时选取合理的粗糙度对基底混凝土进行切槽处理。此外，在考虑经济合理性的前提下，可以适当提高修复层厚以提高修复后结构的抗冲击性能。

第6章　干湿—盐冻作用下聚氨酯类修复砂浆与基底混凝土界面的耐久性能

在我国西北部地区受水工建筑物服役环境的影响，水工混凝土修复材料会受到硫酸盐侵蚀、盐冻融循环等耐久性损伤，金属骨料聚氨酯砂浆作为一种新型水工修复材料，其耐久性方面性能优劣在一定程度上影响着水工混凝土修复工程的修复效果，关于金属骨料聚氨酯砂浆耐久性方面特别是抗硫酸盐侵蚀和抗盐冻融循环性能研究甚少，本章针对金属骨料聚氨酯砂浆的耐久性进行试验研究，并采用金属骨料水泥砂浆进行对比试验。主要包括金属骨料砂浆本体试件的抗渗性、抗硫酸盐干湿循环及盐冻融循环性能，对经历硫酸盐干湿循环及盐冻融循环后砂浆本体试件的抗压强度、质量损失率进行计算并分析其表观情况，探讨硫酸盐干湿循环和盐冻融循环耦合作用对金属骨料砂浆及其与基底混凝土界面的耐久性影响规律。

6.1　硫酸盐干湿循环及盐冻融循环作用下聚氨酯类修复砂浆的耐久性能

金属骨料砂浆吸水率试验与结果评估按3.4节的方法执行。由于材料的抗渗性与吸水率具有极强的相关性，所以还开展了抗渗性试验，参照3.3节的方法开展金属骨料砂浆的抗渗性试验。根据相对渗透性系数来评估砂浆抗渗性能，按式（6-1）计算砂浆的相对渗透性系数：

$$K=\frac{aD_M^2}{2tH} \tag{6-1}$$

式中　K——相对渗透性系数，mm/h；

a——砂浆的吸水率；

D_M——平均渗水高度，mm；

t——恒压时间，h；

H——水压力，以水柱高度表示，mm。

按照3.7节所述方法进行硫酸盐干湿循环试验，在硫酸盐干湿循环试验中分别在干湿循环次数为15次、30次、60次、90次、120次、150次时拿出试件并测试试件的抗压强度、抗压强度损失率、质量损失率，观察试件的表观形态。试验结果分析指标如下。

6.1.1　外观损伤

当试验达到规定的循环次数后，观察每组试件的外观变化，并拍照记录，与初始养护结束时的试件外观进行比对。

6.1.2 质量损失率

使用电子天平来测量试件的初始质量并进行记录，在完成干燥周期后，测量试件的质量，计算其质量损失率。质量损失率根据式（6-2）来确定。即

$$\Delta M_n=\frac{M_0-M_n}{M_0}\times 100\% \tag{6-2}$$

式中 ΔM_n——试件质量损失率；

M_0——循环前试件质量，g；

M_n——循环 n 次后试件质量，g。

6.1.3 抗压强度损失率

金属骨料砂浆本体试件的抗压强度及抗压强度损失率按式（6-3）和式（6-3）计算。即

$$f_c=\frac{F}{A} \tag{6-3}$$

式中 f_c——立方体抗压强度，MPa；

F——试件破坏最大荷载，N；

A——试件承受面积，mm^2。

$$\eta_{fc}=\frac{f_{c0}-f_{cn}}{f_{c0}} \tag{6-4}$$

式中 η_{fc}——抗压强度损失率；

f_{cn}——n 次循环后金属骨料砂浆试件的抗压强度测定值，MPa；

f_{c0}——标准养护下金属骨料砂浆试件的抗压强度测定值，MPa。

6.1.4 界面抗剪强度损失率

金属骨料砂浆—基底混凝土组合试件的界面抗剪强度及界面抗剪强度损失率按式（6-5）和式（6-6）计算。即

$$f=\frac{F_\tau}{A} \tag{6-5}$$

式中 f——基底混凝土与金属骨料砂浆间的界面抗剪强度，MPa；

F_τ——剪切破坏荷载，N；

A——剪切面有效剪切面积，mm^2。

本试验有效黏结面积为 100mm×100mm，剪应力计算结果保留至 0.01MPa。

$$\eta_f=\frac{f_{\tau 0}-f_{\tau n}}{f_{\tau 0}} \tag{6-6}$$

式中 η_f——界面抗剪强度损失率；

$f_{\tau n}$——n 次循环后组合试件的界面抗剪强度测定值，MPa；

$f_{\tau 0}$——标准养护下组合试件的界面抗剪强度测定值，MPa。

冻融循环试验方法参照 GB/T 50082—2009《普通混凝土长期性能和耐久性能试验方法标准》[11]，抗冻试验中的“快冻法”执行。利用快速冻融试验机进行试验，向试件盒中

分别注入配置好的 5% Na_2SO_4 溶液和 5% $MgSO_4$ 溶液，之后将试验试件放入试件盒中，使试件距离液面约 2cm，冻融循环过程中每次冻融循环在 2～4h 内完成，且融化时间不得少于整个冻融时间的 1/4，试件冻结温度为－15℃，融化温度为 10℃；当试验达到规定的冻融循环次数或试件的质量损失率达到 5%或试件强度损失率达到 25%时停止试验。盐冻融循环试验中分别在盐冻融循环次数为 50 次、100 次、150 次、200 次、250 次、300 次时测试试件的抗压强度、抗压强度损失率、质量损失率并观察表观形态。

试验结果分析指标参照本节硫酸盐干湿循环试验结果分析指标。

试验结果如下。

6.1.4.1　金属骨料砂浆的抗渗性能及吸水率

混凝土材料受侵蚀破坏的主要形式之一是侵蚀介质或腐蚀产物渗透到材料内部由于发生了物理或化学变化从而引起材料体积变化使之破坏，而且在泄水建筑物中混凝土材料尤其要具有抵抗压力水渗透的能力，因此用于混凝土修复工程的砂浆的抗渗性能是至关重要的，故对两种金属骨料砂浆的抗渗性能及吸水率进行对比试验研究。

吸水率及抗渗性能试验结果见表 6－1 及表 6－2。从试验结果中可以看出，两种金属骨料砂浆具有出色的抗渗性能及较低的吸水率，两种金属骨料砂浆的吸水率均随养护龄期的增加而降低，主要原因是由于砂浆在养护过程中由于固化作用使得孔隙结构更加致密，水分更难进入砂浆内部。相比于金属骨料水泥基砂浆，金属骨料聚氨酯砂浆的抗渗性更高且吸水率更低，其主要原因是由于聚氨酯材料中的聚合物在固化过程中失水会形成微纤维和薄膜将其内部的孔隙和裂缝桥接在一起，包裹与其黏结的骨料颗粒，提高砂浆的密实度，阻断了水分通过的通道，这也增加了水的通行阻力，导致其抗渗性较强、吸水率较低。

表 6－1　金属骨料砂浆吸水率试验结果

材料名称	龄　期/d	试件编号	烘干后质量/g	浸水后质量/g	吸水率/%	平均吸水率/%
金属骨料聚氨酯砂浆	14	A1	488	489	0.20	0.11
		B1	495	495	0.00	
		C1	494	495	0.20	
	28	A2	488	489	0.20	0.03
		B2	494	494	0.00	
		C2	494	494	0.00	
金属骨料水泥基砂浆	14	A1	895	899	0.45	0.38
		B1	880	883	0.34	
		C1	883	886	0.34	
	28	A2	893	897	0.45	0.45
		B2	879	883	0.46	
		C2	880	884	0.45	

表 6-2　　金属骨料聚氨酯砂浆抗渗性能试验结果

材料名称	编号	渗水高度/mm	平均渗水高度/mm	水压力/mm	吸水率	恒压时间/h	相对渗透性系数/(mm/h)
金属骨料聚氨酯砂浆	A	5.1	5.5	82280	0.0007	15	8.578431×10^{-9}
	B	5.6					
	C	5.8					
金属骨料水泥基砂浆	A	13.5	11	82280	0.0045	15	2.2×10^{-7}
	B	10.6					
	C	8.9					

6.1.4.2　金属骨料聚氨酯砂浆的抗硫酸盐干湿循环性能

1. 表观形态变化规律

图 6-1 和图 6-2 分别显示了金属骨料砂浆在经过不同硫酸盐干湿融循环次数后的外观变化。从图中可以看出，随着硫酸盐干湿循环次数的增加，金属骨料砂浆的表面骨料锈蚀情况逐渐增加，金属骨料聚氨酯砂浆在经历 90 次硫酸盐干湿循环后表面骨料锈蚀情况明显加剧，相比于金属骨料聚氨酯砂浆，金属骨料水泥基砂浆表面锈蚀情况更为明显，这与两种金属骨料砂浆的抗渗性差异有关，金属骨料聚氨酯砂浆有更强的抗渗性，低于盐溶液侵蚀的能力更强。但两类金属骨料砂浆表面均没有出现砂浆大面积剥落、掉渣现象，表面孔洞也没有向砂浆内部发展。

图 6-1　不同硫酸盐干湿循环次数下金属骨料水泥基砂浆的表观形态

2. 硫酸盐干湿循环对金属骨料砂浆质量损失率的影响

两种金属骨料砂浆本体试件在不同硫酸盐干湿循环次数下的质量损失率如图 6-3 和图 6-4 所示。从图中可以看出，两种金属骨料砂浆的质量损失率随硫酸盐干湿循环次数

图6-2　不同硫酸盐干湿循环次数下金属骨料聚氨酯砂浆的表观形态

变化不大，金属骨料水泥基砂浆的质量损失率在经历前60次干湿循环后为负值，说明质量增加，随后开始降低，在经历90次干湿循环后质量损失加快，在两种盐溶液中经历150次干湿循环后的质量损失率分别为1.42%和1.41%；而金属骨料聚氨酯砂浆的质量损失率在两种盐溶液中随着干湿循环次数的增加而缓慢增加，150次干湿循环后质量损失率分别为1.02%和0.99%。由于金属骨料砂浆的质量损失率均小于2%，故两种硫酸盐溶液对金属骨料砂浆在经历干湿循环后的质量损失率影响不明显，但相比于金属骨料聚氨酯砂浆，金属骨料水泥基砂浆的质量损失率更高。造成两种金属骨料砂浆质量变化率有差异的原因可能是由于金属骨料水泥基砂浆的吸水率较高，抗渗性相对较差，硫酸盐更易进

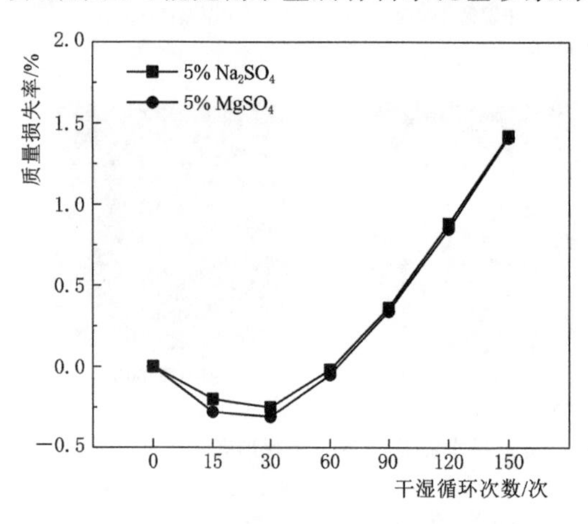

图6-3　不同硫酸盐干湿循环下金属骨料水泥基砂浆的质量损失率

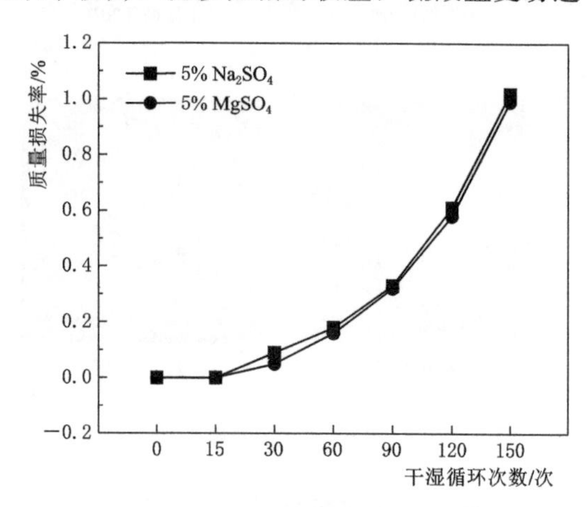

图6-4　不同硫酸盐干湿循环下金属骨料聚氨酯砂浆的质量损失率

入其内部产生结晶，导致其质量在侵蚀初期增加，而随着盐类不断的结晶使得砂浆内部孔隙被盐结晶破坏，造成砂浆掉渣、骨料生锈，又使得其质量降低较快，金属骨料聚氨酯砂浆的吸水率低且抗渗性强，盐结晶作用对其质量的影响极小，导致其质量损失率变化幅度小。

3. 硫酸盐干湿循环作用对金属骨料砂浆抗压强度的影响

两种金属骨料砂浆在经历不同硫酸盐干湿循环次数后的抗压强度及抗压强度损失率见表 6-3。可以看出，两种金属骨料砂浆抗压强度随硫酸盐干湿循环次数的增加均表现为先增长后降低的趋势，但金属骨料水泥基砂浆趋势更为明显。金属骨料水泥基砂浆在干湿循环次数达到 60 次时抗压强度最高，此时以 Na_2SO_4 为介质的试件强度为 90.2MPa，以 $MgSO_4$ 为介质的试件强度为 100.8MPa。而金属骨料聚氨酯砂浆强度变化较小，在硫酸盐干湿循环次数为 30 次时其强度最高，此时以 Na_2SO_4 为介质的试件强度为 60.4MPa，以 $MgSO_4$ 为介质的试件强度为 62.9MPa。金属骨料水泥基砂浆的抗压强度损失率变化幅度更大，在经历前 120 次干湿循环时两种金属骨料砂浆的抗压强度均增加，在经历 150 次硫酸盐干湿循环后两种金属骨料砂浆的抗压强度损失率小于 2%，金属骨料聚氨酯砂浆的抗压强度损失率低于金属骨料水泥基砂浆抗压强度损失率。导致以上结果的原因可能是硫酸盐进入砂浆内部可与水泥基砂浆中的水泥发生化学反应产生对强度增长有利的钙矾石等物质，但随着干湿循环的进行，这些物质不断增加而导致内部孔隙结构膨胀开裂，又会降低砂浆的强度。由于砂浆外部硫酸根离子通过孔隙缺陷渗入砂浆内部，渗透速率与砂浆自身抗渗性和吸水率有关，金属骨料水泥基砂浆的抗渗性较低吸水率较高，盐溶液更容易进入内部孔隙而参与反应，硫酸盐对其抗压强度影响较大。聚氨酯砂浆由于其内部具有致密的交联结构，增强了结合力导致其内部不易被破坏，同时聚氨酯砂浆具有高抗渗性和低吸水率，导致盐溶液难以进入内部孔隙，此外聚氨酯不会与盐溶液反应产生侵蚀物质，所以硫酸盐干湿循环作用对其抗压强度影响不明显。

表 6-3　不同盐冻循环下金属骨料水泥基砂浆的抗压强度

砂浆类型	硫酸盐类型	盐冻循环次数/次	抗压强度/MPa	抗压强度损失率/%
金属骨料水泥基砂浆	Na_2SO_4	0	80.1	0
		15	80.6	−0.62
		30	83.1	−3.74
		60	90.2	−12.61
		90	89.4	−11.61
		120	86.1	−7.49
		150	78.6	1.87
	$MgSO_4$	0	81	0
		15	83.6	−3.21
		30	89	−9.88
		60	100.8	−24.44
		90	95.4	−17.78
		120	86.5	−6.79
		150	80.7	0.37

续表

砂浆类型	硫酸盐类型	盐冻循环次数/次	抗压强度/MPa	抗压强度损失率/%
金属骨料聚氨酯砂浆	Na_2SO_4	0	56.5	0
		15	59.8	−5.84
		30	60.4	−6.9
		60	58.4	−3.36
		90	57.6	−1.95
		120	56.9	−0.71
		150	56.1	0.71
	$MgSO_4$	0	59.3	0
		15	62.8	−5.9
		30	62.9	−6.07
		60	62.1	−4.72
		90	61.2	−3.2
		120	60.8	−2.53
		150	59	0.51

6.1.4.3　金属骨料砂浆的抗盐冻融循环性能

1. 表观形态变化规律

金属骨料砂浆经过不同盐冻融循环次数后的外观变化如图 6－5 和图 6－6 所示，200 次盐冻融循环前金属骨料水泥基砂浆表面变化并不明显，但盐冻融循环次数达到 300 次时，原先部分细小孔隙会变大，麻面区域进一步扩大，导致局部金属骨料外露，外露的金

图 6－5　不同盐冻融循环次数下金属骨料水泥基砂浆的表观形态

属骨料发生锈蚀。金属骨料聚氨酯砂浆在经历300次盐冻融循环后表面无明显变化，说明金属骨料聚氨酯砂浆抗盐冻剥蚀能力更强。无论是金属骨料水泥基砂浆还是金属骨料聚氨酯砂浆，在经历完300次盐冻融循环后均没有出现砂浆表面大面积掉渣现象，金属骨料砂浆整体性较好，可见其抗盐冻侵蚀能力较强。

图6-6 不同盐冻融循环次数下金属骨料聚氨酯砂浆的表观形态

2. *盐冻对金属骨料砂浆质量损失率的影响*

两种金属骨料砂浆本体试件在不同盐冻融循环次数下的质量变化规律如图6-7和图6-8所示。从图中可以看出，在两种盐溶液介质中，金属骨料水泥基砂浆的质量损失率随盐冻循环次数的增加表现出先降低后增加的趋势，这可能是由于水泥基砂浆的与硫酸盐溶液的化学反应导致化学产物，以及水泥基砂浆在冰冻溶解过程中会出现膨胀破坏而导致进入更多的溶液，从而在一定程度上增加质量[16]；金属骨料聚氨酯砂浆在前经历150次盐冻融循环后质量无变化，在经历300次盐冻融循环后质量损失率小于0.5%，一方面由于自身特性导致其内部极为致密具有相互交叉的网状结构使其内部不易发生膨胀破坏；另一方面聚氨酯类材料在硫酸盐溶液中不会生成钙矾石等增加质量的物质。

3. *盐冻对金属骨料砂浆抗压强度的影响*

两种金属骨料砂浆在经历不同盐冻融循环次数后的抗压强度见表6-4。可以看出金属骨料砂浆在经历盐冻融循环后抗压强度表现出先增加后降低的趋势，金属骨料水泥基砂浆在两种硫酸盐溶液中经历150次盐冻融循环后强度最高，此时金属骨料水泥基砂浆的抗压强度分别为90.3MPa（5%Na_2SO_4）和89.6MPa（5%$MgSO_4$）。此外，可以看出，金属骨料水泥基砂浆在前250次盐冻融循环的抗压强度损失率均为负值，说明其抗压强度在这一阶段持续增长，在经历150次盐冻融循环后的抗压强度损失率最低，分别为－15.77%（5%Na_2SO_4）和－22.57%（5%$MgSO_4$），一方面可能是由于硫酸盐溶液会进

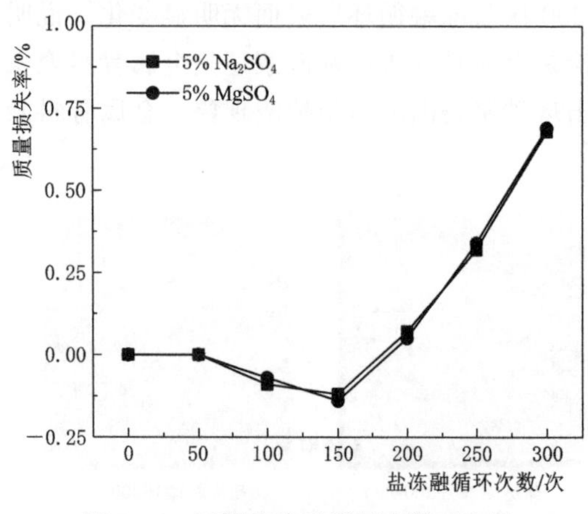

图 6-7 不同盐冻融循环次数下金属骨料水泥基砂浆的质量损失率

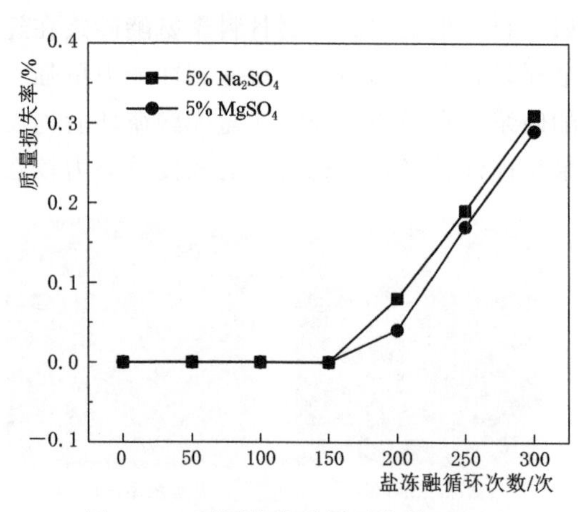

图 6-8 不同盐冻融循环次数下金属骨料聚氨酯砂浆的质量损失率

入试件的孔隙中填充部分孔隙，对试件内部微结构产生一定的优化作用，以及金属骨料水泥基砂浆的持续固化作用高于盐冻对试件的劣化作用，使得在此阶段强度持续增长；另一方面可能是由于盐溶液的存在降低了溶液的冰点，这会让可冻水的含量减少从而提高试件的抗冻性[17]。当盐冻循环次数达到 300 次时，经历盐冻循环后的水泥基金属骨料砂浆的抗压强度低于 0 次盐冻循环时的抗压强度，此时抗压强度损失率分别为 12.56%（5%Na_2SO_4）和 9.17%（5%$MgSO_4$），这是因为随着盐冻循环次数的增加，盐冻会破坏试件内部孔隙结构，且由于试件表面砂浆有剥落、骨料生锈现象，硫酸盐溶液更易渗入试件孔隙内部结冰膨胀而导致孔隙结构劣化。此外两种硫酸盐溶液对金属骨料水泥基砂浆经历干湿循环后的抗压强度影响不明显。

表 6-4　　不同盐冻循环次数下金属骨料砂浆的抗压强度

砂浆类型	硫酸盐类型	盐冻循环次数/次	抗压强度/MPa	抗压强度损失率/%
金属骨料砂浆	Na_2SO_4	0	78	0
		25	78.3	−0.38
		50	85.8	−10
		75	90.3	−15.77
		100	83.2	−6.67
		125	75.1	3.72
		150	68.2	12.56
	$MgSO_4$	0	73.1	0
		25	73.4	−0.41
		50	79.6	−8.89
		75	89.6	−22.57
		100	86.9	−18.88
		125	77.2	−5.61
		150	66.4	9.17

续表

砂浆类型	硫酸盐类型	盐冻循环次数/次	抗压强度/MPa	抗压强度损失率/%
金属骨料聚氨酯砂浆	Na_2SO_4	0	53.1	0
		25	54.3	−2.26
		50	55	−3.58
		75	54.1	−1.88
		100	53.7	−1.13
		125	52.1	1.88
		150	50.7	4.52
	$MgSO_4$	0	52	0
		25	53.6	−3.08
		50	54.3	−4.42
		75	52.6	−1.15
		100	50.1	3.65
		125	49.8	4.23
		150	49.3	5.19

金属骨料聚氨酯砂浆随盐冻融循环次数的增加抗压强度变化不明显，相对于经历 0 次盐冻融循环试件，在经历 300 次盐冻融循环后，以 Na_2SO_4 为冻融循环介质的试件强度损失率为 4.52%，以 $MgSO_4$ 为介质的试件强度损失率为 5.19%。整个盐冻融循环过程中金属骨料聚氨酯砂浆的抗压强度损失率变化不明显，说明盐冻融循环对其抗压强度的影响较小。可能是由于聚氨酯分子间发生交联作用成为不溶性固体，这些不溶性固体可提高其抗渗性，使得硫酸盐溶液难以进入砂浆内部孔隙中，提高了砂浆的抗盐冻耐久性。此外，盐类介质对金属骨料聚氨酯砂浆抗压强度的影响较小。

6.2 硫酸盐干湿循环及盐冻融循环作用对界面耐久性的影响规律

实际修复过程中，金属骨料砂浆与基底混凝土的界面耐久性能决定了修复工程的质量。水工泄洪建筑物底板修复砂浆受水流作用而在砂浆与混凝土的界面处产生剪切力，砂浆与混凝土间的剪切强度直接影响了底板混凝土修复质量。因此研究经历硫酸盐干湿循环及盐冻融循环后底板基底混凝土与金属骨料砂浆之间的剪切强度是十分必要的。本节开展了硫酸盐干湿循环及盐冻融循环作用对金属骨料砂浆—基底混凝土复合试件界面耐久性影响的试验，分析了组合试件的质量变化、表观形态、剪切破坏形态及界面抗剪强度的变化规律。

按照 6.1 节的试验方法分别开展金属骨料砂浆—基底混凝土组合试件的硫酸盐干湿循环试验及盐冻融循环试验，硫酸盐干湿循环试验中分别在 15 次、30 次、45 次、60 次、75 次、90 次干湿循环后对组合试件进行相关性能指标测试，而盐冻融循环试验中分别在经过 25 次、50 次、75 次、100 次、125 次、150 次冻融循环后对组合试件进行相关性能指标测试，具体测试内容包括组合试件的界面抗剪强度和质量损失率，并观察试件在侵蚀条件下，经受规定循环次数后的外貌形态及剪切破坏形态变化特征。

试验结果分析如下。

6.2.1　干湿循环作用对界面耐久性的影响

1. 表观形态分析

不同硫酸盐干湿循环次数后金属骨料砂浆—基底混凝土试件表面损伤情况如图 6-9 和图 6-10 所示。经硫酸盐侵蚀以后，组合试件表面有部分结晶盐析出，随着硫酸盐干湿

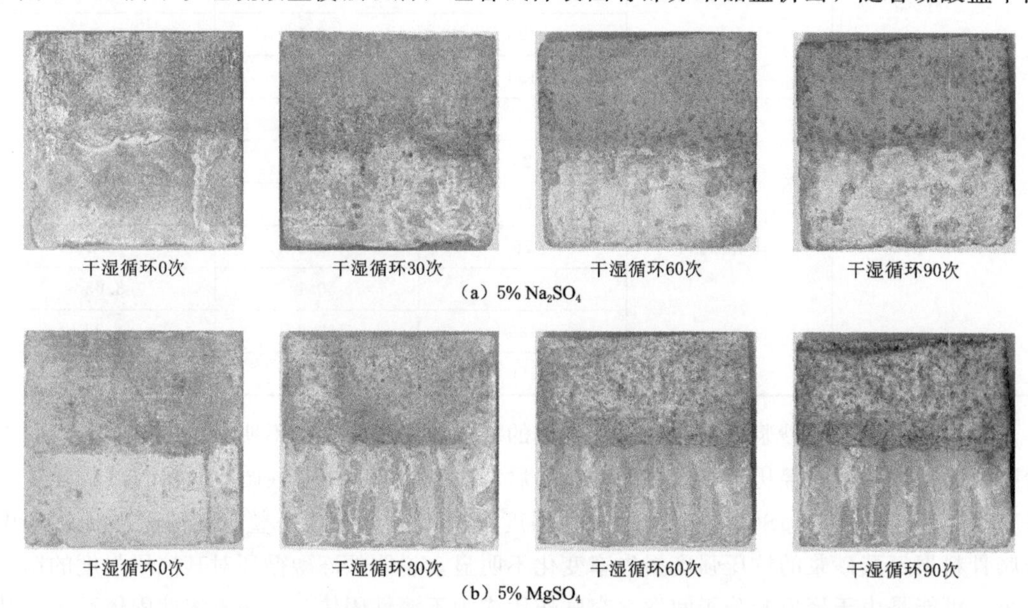

图 6-9　不同硫酸盐干湿循环次数下金属骨料水泥基砂浆—基底混凝土的表观形态

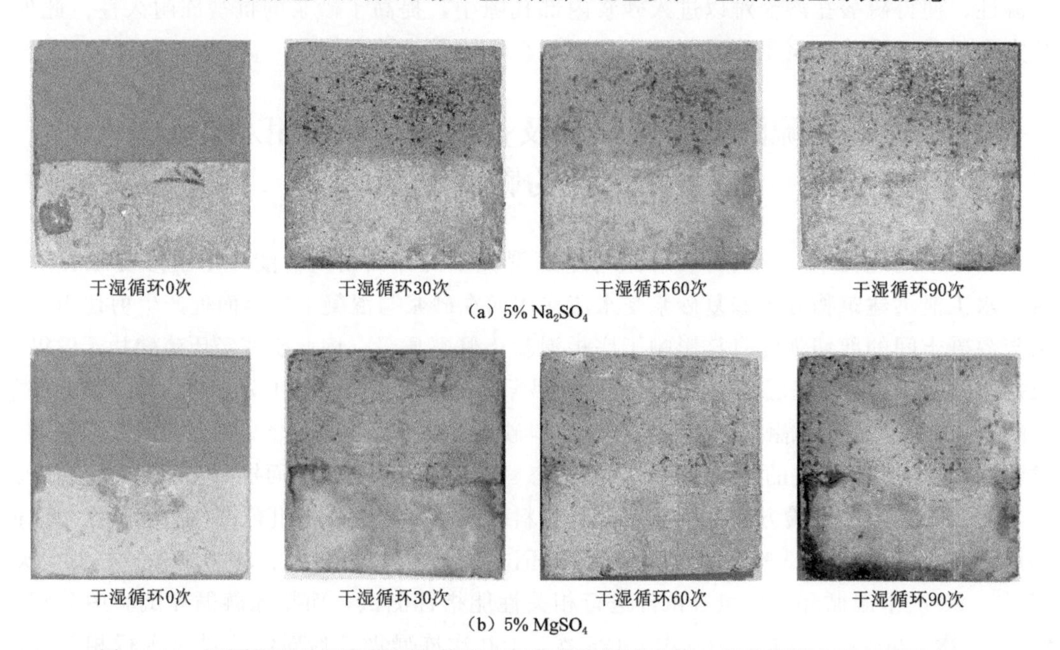

图 6-10　不同硫酸盐干湿循环次数下金属骨料聚氨酯砂浆—基底混凝土的表观形态

循环次数的增加，基底混凝土表面出现掉渣现象，金属骨料砂浆表面有铁屑外露、铁屑生锈等现象。金属骨料水泥基砂浆经硫酸盐干湿循环后表面骨料生锈更为严重，与聚氨酯材料和水泥基材料的自身差异性有关，聚氨酯材料具有一定的疏水性，其抗渗性较强，所以耐盐类侵蚀能力更强。Na_2SO_4 与 $MgSO_4$ 对金属骨料砂浆—基底混凝土组合试件在经历干湿循环后的表观状态影响方面无明显差异。

2. 质量损失变化规律

图 6-11 和图 6-12 分别显示了不同硫酸盐干湿循环次数后金属骨料砂浆—基底混凝土试件的质量损失率。从图中可以看出，所有类型试件的质量在经历硫酸盐干湿循环次数后均表现出先增长后降低的趋势，金属骨料水泥基砂浆—基底混凝土试件的趋势更为明显且质量变化幅度较大。此外，所有类型试件的质量损失率均小于5%。组合试件质量增加的原因可能是与基底混凝土内部水化产物增加及硫酸盐结晶有关。在以 $MgSO_4$ 为干湿循环介质时，试件质量损失率较小，这可能是与 Na_2SO_4 和 $MgSO_4$ 的溶解度有关，Na_2SO_4 的溶解度低于 $MgSO_4$，在基底混凝土内部更容易出现固体结晶，固体结晶大量积累会导致膨胀而造成基底混凝土内部微结构破坏，从而使基底混凝土出现麻面掉渣现象。

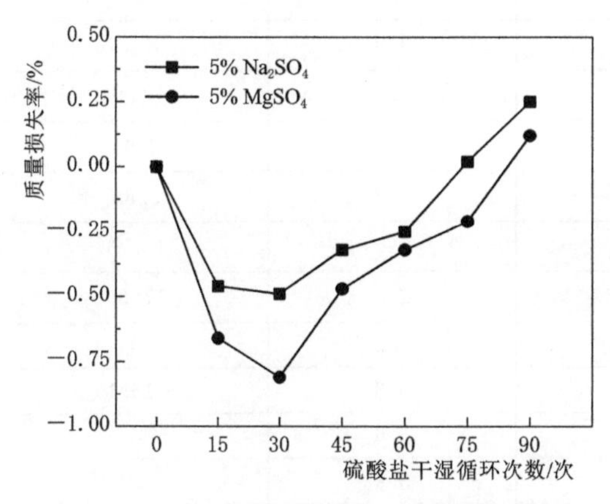

图 6-11 不同硫酸盐干湿循环次数下金属骨料水泥基砂浆—基底混凝土的质量损失率

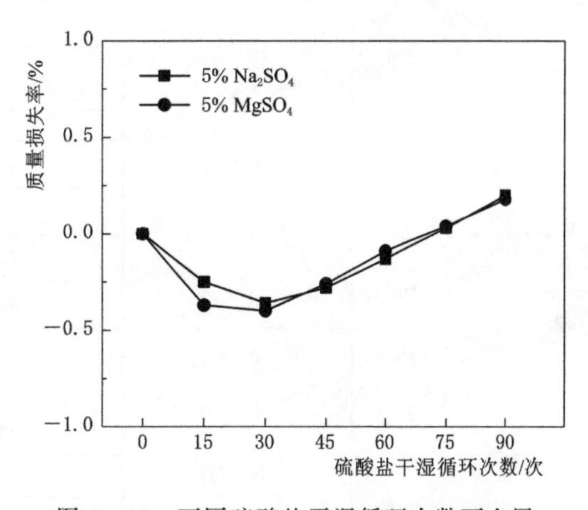

图 6-12 不同硫酸盐干湿循环次数下金属骨料聚氨酯砂浆—基底混凝土的质量损失率

3. 界面抗剪强度变化规律

表 6-5 显示了金属骨料砂浆—基底混凝土组合试件在经历硫酸盐干湿循环后的界面抗剪强度及界面抗剪强度损失率。可以看出，金属骨料聚氨酯砂浆与基底混凝土的黏结性更高，这与聚氨酯材料自身特性有关，聚氨酯材料在制备时会发生一系列交联聚合反应，形成的聚合物相互交叉形成网络结构，导致其黏结性较强，这些聚合物作为凝胶将金属骨料与基底混凝土牢固黏结在一起。此外，所有类型试件的界面抗剪强度呈现出先增加后降低的趋势，金属骨料水泥基砂浆—基底混凝土组合试件此趋势更为明显，是由于在硫酸盐干湿循环前期，SO_4^{2-} 与基底混凝土及金属骨料水泥基砂浆中的胶凝材料发生反应生成钙矾石和石膏等物质，填充了基底混凝土和砂浆内部的一些孔隙，抵消了一部分由外界的压力产生的集中应力，从而使基底混凝土及金属骨料水泥基砂浆的强度有所提高。随干湿循

环的进行，一方面钙矾石和石膏等物质持续增多，使得膨胀应力变大，当应力增加时，微裂缝会增长和扩展，从而形成贯穿裂缝，从而降低基底混凝土与金属骨料砂浆之间的黏结强度；另一方面硫酸盐的侵蚀使混凝土固化产生的水化硅酸钙（CSH）和 Ca（OH)$_2$ 等物质溶出、分解，从而导致靠近黏结界面处基底混凝土的强度和黏结性能降低，基底混凝土抗剪强度逐渐减小。

表 6-5　不同硫酸盐干湿循环次数下金属骨料砂浆—基底混凝土的界面抗剪强度

砂浆类型	硫酸盐类型	干湿循环次数/次	界面抗剪强度/MPa	界面抗剪强度损失率/%
金属骨料水泥基砂浆	Na_2SO_4	0	3.3	0
		15	3.4	−3.03
		30	3.2	3.03
		45	3.1	6.06
		60	2.9	12.12
		75	2.7	18.18
		90	2.5	24.24
	$MgSO_4$	0	3.4	0
		15	3.8	−11.76
		30	3.5	−2.94
		45	3.3	2.94
		60	3.2	5.88
		75	3	11.76
		90	2.8	17.65
金属骨料聚氨酯砂浆	Na_2SO_4	0	3.3	0
		15	3.8	−15.15
		30	3.6	−9.09
		45	3.4	−3.03
		60	3.2	3.03
		75	3.1	6.06
		90	2.9	12.12
	$MgSO_4$	0	3.4	0
		15	4.1	−20.59
		30	3.8	−11.76
		45	3.7	−8.82
		60	3.6	−5.88
		75	3.4	0
		90	3.1	8.82

两种盐类介质对金属骨料砂浆—基底混凝土界面抗剪强度的影响较为明显，在 $MgSO_4$ 溶液中进行干湿循环的试件界面抗剪强度更高。这与硫酸盐在混凝土及水泥基砂

浆中发生的化学反应有关。水泥基材料与 Na_2SO_4 溶液反应的主要生成物为钙矾石和石膏，具体化学反应如下：

$$Ca(OH)_2+SO_4^{2-}+2H_2O \rightarrow 2OH^-+CaSO_4 \cdot 2H_2O \tag{6-7}$$

$$3(CaSO_4 \cdot 2H_2O)+3CaO \cdot Al_2O_3 \cdot 6H_2O+19H_2O \rightarrow 3CaO \cdot Al_2O_3 \cdot 3CaSO_4 \cdot 31H_2O \tag{6-8}$$

$MgSO_4$ 溶液下，除了硫酸根离子的侵蚀反应作用外，Mg^{2+} 与水泥基材料的水化产物反应生成 Mg（$OH)_2$ 以及水化硅酸镁（MSH）反应方程如下：

$$Ca(OH)_2+MgSO_4 \rightarrow CaSO_4 \cdot 2H_2O+Mg(OH)_2 \tag{6-9}$$

$$3MgSO_4+3CaO \cdot 2SiO_2 \cdot 3H_2O+8H_2O \rightarrow 3MgO \cdot 2SiO_2 \cdot 2H_2O \tag{6-10}$$

Mg^{2+} 在干湿循环前期反应生成的 Mg（$OH)_2$ 致密层阻碍硫酸盐向水泥基材料内部迁移，同时该致密层对水泥基材料强度有一定的补偿作用。此外，由于 $MgSO_4$ 的溶解度较高，与 Na_2SO_4 相比不易产生结晶盐，$MgSO_4$ 盐结晶对混凝土与修复砂浆界面处的破坏作用更小，所以试件在 $MgSO_4$ 溶液中的界面抗剪强度更高。

4. 界面剪切破坏形态分析

金属骨料砂浆—基底混凝土组合试件界面剪切破坏形态如图 6-13 和图 6-14 所示，左边为剪切断面，中间为剪切破坏面的金属骨料砂浆部分，最右边为剪切破坏面的基底混凝土部分，在金属骨料砂浆和基底混凝土界面标出了硫酸盐侵蚀分布范围。

图 6-13（一） 不同硫酸盐干湿循环次数下金属骨料水泥基砂浆—基底混凝土的剪切破坏形式

干湿循环90次(5% Na_2SO_4)
干湿循环30次(5% $MgSO_4$)
干湿循环60次(5% $MgSO_4$)
干湿循环90次(5% $MgSO_4$)

图 6-13（二）　不同硫酸盐干湿循环次数下金属骨料水泥基砂浆—基底混凝土的剪切破坏形式

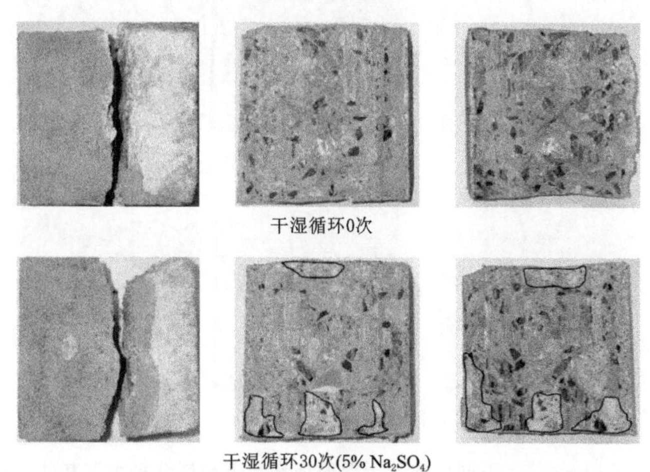

图 6-14（一）　不同硫酸盐干湿循环次数下金属骨料聚氨酯砂浆—基底混凝土的界面剪切破坏形态

图 6-14（二） 不同硫酸盐干湿循环次数下金属骨料聚氨酯砂浆—基底混凝土的界面剪切破坏形态

从图中可以看出，未经历硫酸盐干湿循环的金属骨料水泥基砂浆—基底混凝土组合试件发生 AMC 型破坏模式，随着干湿循环的进行，剪切破坏界面转变为 C 型破坏模式，相比于金属骨料水泥基砂浆，金属骨料聚氨酯砂浆上黏结的混凝土更多，金属骨料聚氨酯砂浆—基底混凝土剪切破坏模式均为 C 型破坏模式，这与聚氨酯材料自身特性有关，聚氨酯材料黏性高于水泥基材料，导致金属骨料聚氨酯砂浆与基底混凝土的界面黏结性能更好。金属骨料砂浆修复效果理想，这是由于分布在砂浆和基底混凝土的界面处的金属骨料可以产生较大的机械咬合力，增加了界面剪切强度。此外，随着硫酸盐干湿循环次数的增加，2 种硫酸盐侵蚀范围逐渐扩大。在经历 90 次硫酸盐干湿循环后，2 种硫酸盐几乎完全侵蚀了金属骨料水泥基砂浆—基底混凝土组合试件的断裂界面，说明随着硫酸盐干湿循环的进行，2 种硫酸盐在基底混凝土内部产生结晶盐并与水泥等胶凝材料不断反应产生钙矾石和石膏等白色膨胀物质，这些物质破坏了基底混凝土内部孔隙结构，使原有的微小裂纹逐步扩展，使更多的盐溶液进入基底混凝土内部从而发生更严重的破坏。而金属骨料聚氨酯砂浆—基底混凝土组合试件的剪切断面处的硫酸盐侵蚀范围相对更小，可能是由于一方面聚氨酯砂浆在浇筑过程中会不可避免地黏附到基底混凝土侧壁上导致了边缘黏连，一定程度上阻碍了硫酸盐的渗入到基底混凝土中；另一方面金属骨料聚氨酯砂浆与硫酸盐溶液不会生成钙矾石等白色化学产物，减少了界面处的侵蚀物质的数量。

6.2.2　盐冻作用对界面耐久性的影响

1. 表观分析

图 6 - 15 与图 6 - 16 展示了金属骨料砂浆—基底混凝土组合试件的表观形貌随盐冻融循环的变化特征，可以看出相比于硫酸盐干湿循环试验，组合试件在经历盐冻融循环后表观劣化更严重。组合试件在经历盐冻融循环后的侵蚀破坏主要发生在基底混凝土上，基底混凝土表层砂浆随着盐冻融循环次数的增加剥落逐渐严重，在经历 150 次盐冻融循环后基底混凝土出现骨料裸露现象，金属骨料水泥基砂浆表面有小部分骨料生锈现象，而金属骨料聚氨酯砂浆无明显变化，这与这三种材料的抗渗性有关，由于三者抗渗性关系为金属骨料聚氨酯砂浆＞金属骨料水泥基砂浆＞混凝土，抗渗性越高，进入材料内部孔隙的水分越少，孔隙中水分结冰产生的膨胀应力越低，材料的抗冻耐久性越好。随着冻融循环次数的增多，基底混凝土出现明显的冻融破坏。相比于金属骨料砂浆，混凝土材料呈脆硬性且强度相对较低。当外界水分结冰时，混凝土表面会形成混凝土—冰组合界面，由于水分结冰发生体积膨胀使得该界面收缩程度高于该界面下方的混凝土，混凝土—冰组合界面出现应力集中而产生裂缝，随着冻融循环地进行裂缝逐渐扩展并延伸至混凝土内部，最终使得混凝土表层砂浆剥落。

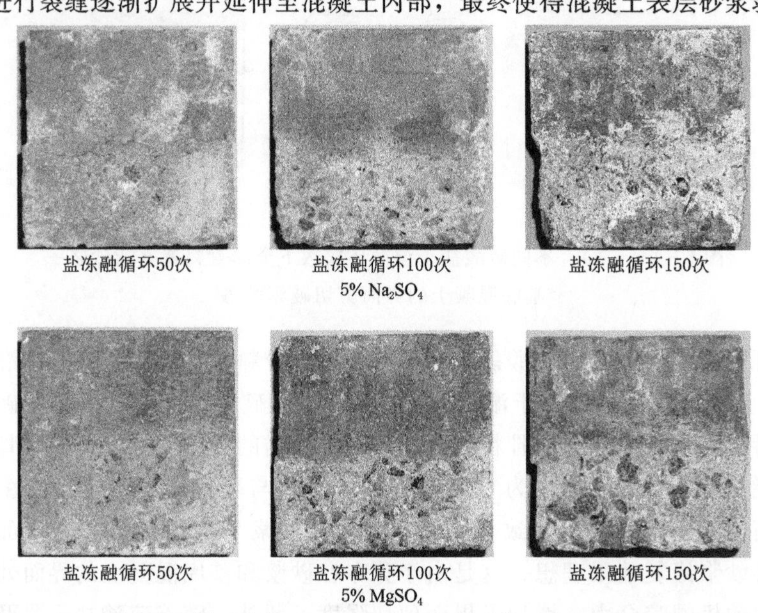

图 6 - 15　不同盐冻循环次数下金属骨料水泥基砂浆—基底混凝土的表观形态

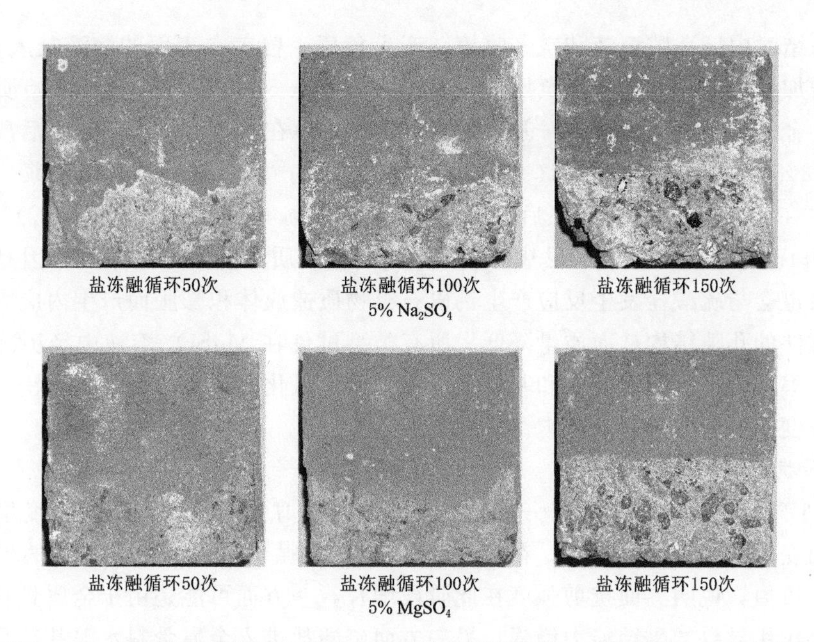

图 6-16　不同盐冻融循环次数下金属骨料聚氨酯砂浆—基底混凝土的表观形态

此外，随着盐冻融循环次数的增加，组合试件表面的白色结晶盐数量越多，而组合试件在 Na_2SO_4 溶液中经历盐冻融循环后产生的盐结晶数量多于在 $MgSO_4$ 溶液中产生的盐结晶数量，这与两种硫酸盐的溶解度有关，Na_2SO_4 的溶解度低于 $MgSO_4$，所以更易出现结晶现象。

2. 质量损失变化规律

图 6-17 和图 6-18 分别显示了金属骨料水泥基砂浆—基底混凝土、金属骨料聚氨酯砂浆—基底混凝土组合试件在经历盐冻融循环后的质量损失率。从图中可以看出，组合试件在前 25 次盐冻融循环的质量会有所增加，这是由于硫酸盐溶液与基底混凝土中的胶凝材料发生化学反应产生了钙矾石和石膏等物质，这些新物质的生成增加了重量；此外，由

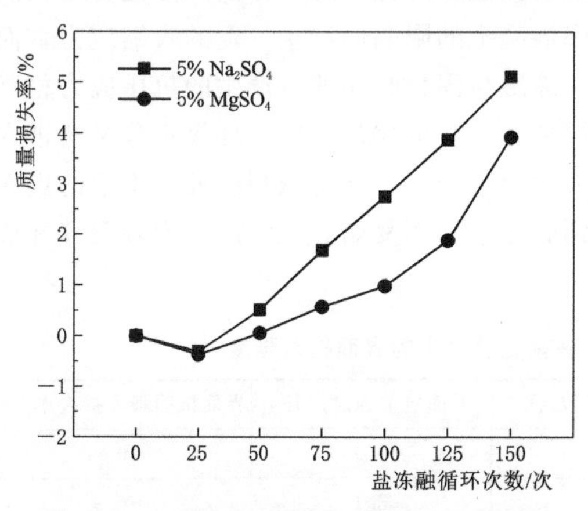

图 6-17　不同盐冻融循环次数下金属骨料水泥基砂浆—基底混凝土的质量损失率

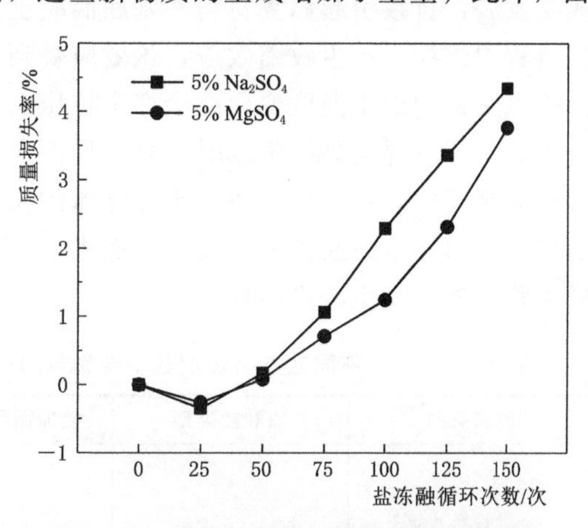

图 6-18　不同盐冻融循环次数下金属骨料聚氨酯砂浆—基底混凝土的质量损失率

于混凝土冻结时内部孔隙溶液和空气收缩，产生负压，覆盖在表面的溶液吸入负压区域，体系质量增加，在这一过程直至负压消失而停止。但从50次盐冻融循环开始质量损失率逐渐增大，金属骨料水泥基砂浆—基底混凝土组合试件在150次盐冻融循环后质量损失率分别为5.12%（5%Na_2SO_4）和3.92%（5%$MgSO_4$）；金属骨料聚氨酯砂浆—基底混凝土组合试件在150次盐冻融循环后质量损失率分别为4.36%（5%Na_2SO_4）和3.76%（5%$MgSO_4$）。导致金属骨料水泥基砂浆—基底混凝土质量损失率更高的原因是金属骨料水泥基砂浆也会与硫酸盐发生反应产生钙矾石等物质造成体积膨胀而产生内应力，这些应力会破坏试件的孔隙结构从而质量降低。所有类型试件在$MgSO_4$溶液中经历冻融循环后的质量损失率小，是因为镁离子和基底混凝土中的氢氧化钙反应产生氢氧化镁保护膜，提高了一定程度的抗硫酸盐侵蚀能力。

3. 界面抗剪强度变化规律

表6-6显示了金属骨料砂浆—基底混凝土界面抗剪强度及界面抗剪强度损失率随盐冻融循环的变化规律。可以看出，在经历25次盐冻融循环后所有类型试件的界面抗剪强度损失率为负值，说明界面抗剪强度在此阶段增长，一方面可能是由于金属骨料砂浆在此阶段的固化作用导致的黏结能力增强；另一方面硫酸盐进入金属骨料水泥基砂浆和混凝土内部后与水泥等胶凝材料反应产生钙矾石和石膏填充了部分孔隙，提高了抗剪强度。但随着盐冻融循环次数的增加，组合试件的界面抗剪强度急剧降低，是由于硫酸盐侵蚀与冻融循环的双重作用而造成的现象，是由于硫酸盐的物理结晶及化学产物的堆积使得孔隙中物质增多带来了一定的膨胀应力导致，在融化过程中外部盐溶液通过裂缝进入混凝土并填充内部孔隙，逐渐使内部孔隙接近饱和，到了冻结过程中，盐溶液结冰导致其体积膨胀，孔隙的内壁受到膨胀应力，膨胀压力超过混凝土的承载极限，裂缝的扩展和水泥基材料剥落导致内部结构失效，最终导致混凝土的孔隙率增加，强度降低[18]。在冻融循环影响下，一方面，界面黏结力和机械咬合力会降低，原因是基底混凝土中骨料—胶凝材料黏结面之间会出现微裂缝，同时界面剂结构由原先致密状态变成疏松多孔状态，并伴有微裂缝的形成与发展，直接引起修复材料—基底混凝土黏结面性能的降低；另一方面，修复材料在固化过程中体积会产生收缩效应，该效应受到基底混凝土的限制而产生一定的收缩应力，而在冻融过程中由于温度变化亦会产生拉压应力，冻融与固化收缩两者产生的拉压应力相互叠加，当超过界面黏结强度时，黏结界面产生微裂缝，在融化过程中，外界水分又会进入这些微裂缝中，再次冻结时，水分结冰体积增大而导致膨胀，使得微裂纹处产生新的更大的拉应力而导致裂纹扩展，黏结界面进一步受到破坏，周而复始，最终产生宏观裂缝并造成失稳扩展，发生冻融破坏。

表6-6　不同盐冻循环次数下金属骨料砂浆—基底混凝土的界面抗剪强度

砂浆类型	硫酸盐类型	盐冻循环次数/次	界面抗剪强度/MPa	界面抗剪强度损失率/%
金属骨料水泥基砂浆	Na_2SO_4	0	2.9	0
		25	3.1	−6.9
		50	2.8	3.45
		75	2.6	10.34

续表

砂浆类型	硫酸盐类型	盐冻循环次数/次	界面抗剪强度/MPa	界面抗剪强度损失率/%
金属骨料水泥基砂浆	Na_2SO_4	100	2.4	17.24
		125	2.1	27.58
		150	1.8	37.93
	$MgSO_4$	0	2.7	0
		25	3.2	−18.52
		50	2.9	−7.41
		75	2.8	−3.7
		100	2.5	7.41
		125	2.2	18.52
		150	1.6	37.03
金属骨料聚氨酯砂浆	Na_2SO_4	0	3.4	0
		25	3.5	−2.94
		50	3.2	5.88
		75	3	11.76
		100	2.8	17.65
		125	2.6	23.53
		150	2.3	32.35
	$MgSO_4$	0	3.4	0
		25	3.6	−5.88
		50	3.3	2.94
		75	3.1	8.82
		100	2.9	14.71
		125	2.7	20.59
		150	2.5	26.47

金属骨料砂浆—基底混凝土在经历前 25 次盐冻融循环后界面抗剪强度达到最大值，此时金属骨料聚氨酯砂浆—基底混凝土组合试件的界面抗剪强度损失率分别为－2.94%（5% Na_2SO_4）和－5.88%（5% $MgSO_4$）；金属骨料水泥基砂浆—基底混凝土界面抗剪强度损失率分别为－6.9%（5% Na_2SO_4）和－18.52%（5% $MgSO_4$），在 150 次盐冻融循环后，金属骨料聚氨酯砂浆—基底混凝土组合试件的界面抗剪强度损失率分别为 32.35%（5% Na_2SO_4）和 26.47%（5% $MgSO_4$）；金属骨料水泥基砂浆—基底混凝土界面抗剪强度损失率分别为 37.93%（5% Na_2SO_4）和 37.03%（5% $MgSO_4$），金属骨料聚氨酯砂浆—基底混凝土界面抗剪强度总体高于金属骨料水泥基砂浆—基底混凝土界面抗剪强度，其界面抗冻耐久性更好，这可能是由于聚氨酯材料发生的交联反应使其内部产生相互交错的网状结构，具有较高的黏结性，此外，在浇筑金属骨料聚氨酯砂浆时产生较多的边缘黏连现象，承担了一部分抗剪强度。从图中还可以看出，在 Na_2SO_4 溶液中经历盐冻循环的组合试件界面抗剪强度更低，界面抗剪强度损失率更高，这可能是由于一方面 Na_2SO_4 的溶解度更低而产生了更多的盐结晶导致物理膨胀作用更强；另一方面 $MgSO_4$ 会与水泥水化产物反应生成致密的氢氧化镁膜，对组合试件起到了一定的保护作用。

4. 界面剪切破坏形态分析

图 6 - 19 和图 6 - 20 显示了金属骨料砂浆—基底混凝土组合试件在经历不同盐冻融循

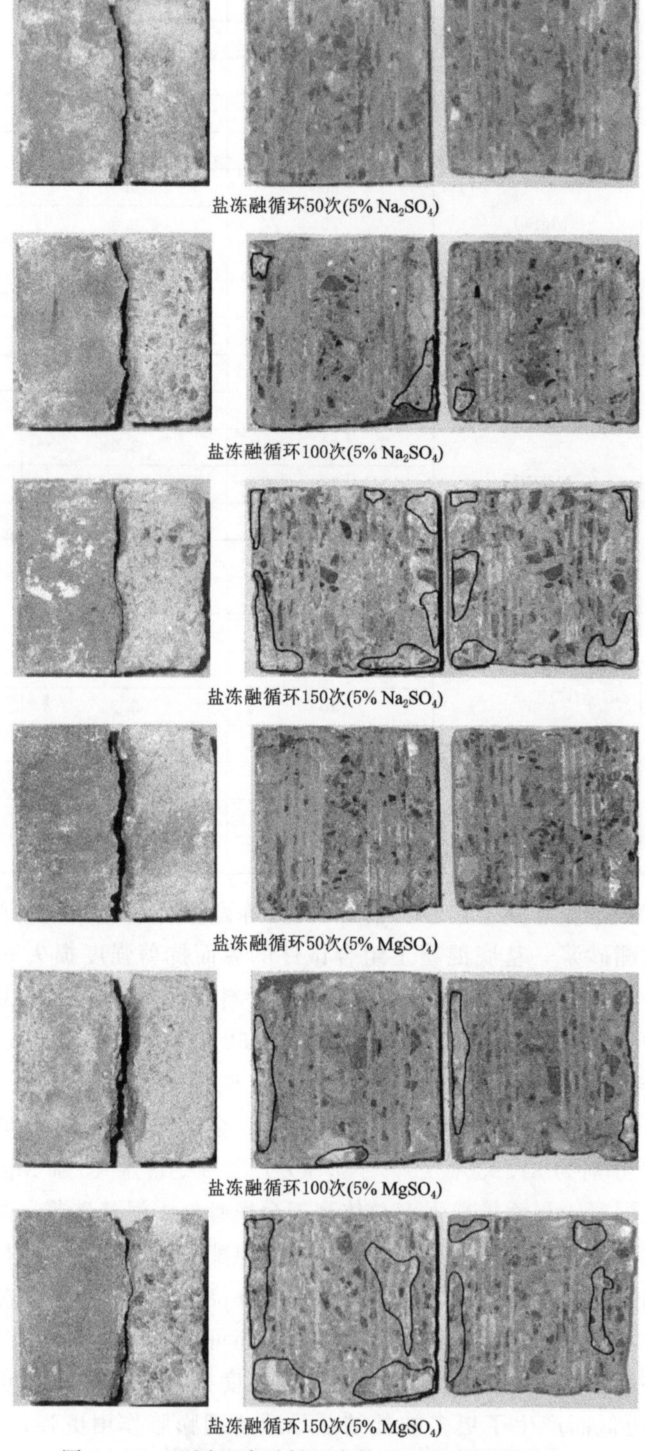

图 6 - 19　不同盐冻融循环次数下金属水泥基砂浆—基底混凝土的界面剪切破坏形态

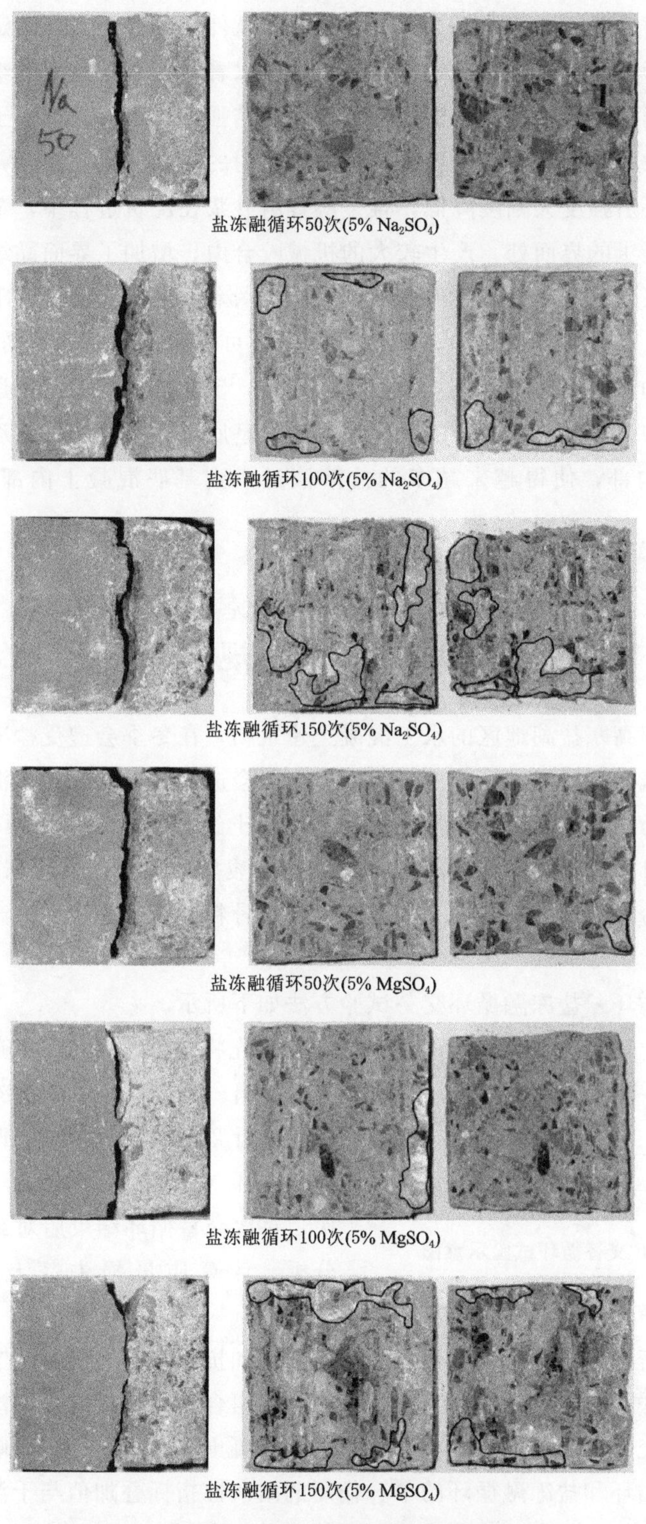

盐冻融循环50次(5% Na_2SO_4)

盐冻融循环100次(5% Na_2SO_4)

盐冻融循环150次(5% Na_2SO_4)

盐冻融循环50次(5% $MgSO_4$)

盐冻融循环100次(5% $MgSO_4$)

盐冻融循环150次(5% $MgSO_4$)

图 6-20　不同盐冻融循环次数下金属聚氨酯砂浆—基底混凝土的界面剪切破坏形态

环次数后的界面剪切破坏形态。根据 6.1 节对组合试件界面剪切形态的定义，对所有组合试件的剪切破坏形态图片进行分析处理。从图中可以看出，所有类型的组合试件均发生 C 型破坏，可见金属骨料砂浆与基底混凝土的界面黏结强度大于基底混凝土本体强度，且随着盐冻融循环次数的增加，金属骨料砂浆界面处黏附的基底混凝土越多，说明基底混凝土在经历盐冻融循环后强度大幅度降低，且金属骨料砂浆在浇筑过程中，金属骨料随机分布在砂浆和基底混凝土的界面处，产生较大的机械咬合力，增加了界面黏结强度。相比于金属骨料水泥基砂浆与基底混凝土的剪切断面，金属骨料聚氨酯砂浆上黏附的混凝土更多，其修复效果更好，与 6.1 节的结论一致。从图中还可以看出，随着盐冻融循环次数的增加，在组合试件的剪切断面处硫酸盐结晶越来越多，硫酸盐的侵蚀范围逐渐扩大，说明在盐冻融循环过程中，冻融与硫酸盐的耦合作用使得基底混凝土表层孔隙逐渐被破坏，外部裂缝逐渐扩展至内部，使得越来越多的盐溶液进入到基底混凝土内部薄弱区域产生盐结晶。

6.3　干湿循环—盐冻交替作用对界面耐久性的影响规律

位于我国西部高寒盐湖地区的水工混凝土建筑物，在冬季会遭受盐冻融循环作用，而在夏季又会遭受硫酸盐干湿循环作用，长此以往，会造成该地区的水工混凝土建筑物发生严重损毁现象。为模拟该地区老化损毁的水工混凝土经修复后在一年四季中的实际工况，本节开展了金属骨料砂浆—基底混凝土组合试件硫酸盐干湿循环—盐冻融循环交替试验，旨在研究出硫酸盐干湿循环—盐冻交替作用对金属骨料砂浆—基底混凝土界面耐久性的影响规律。

硫酸盐干湿循环—盐冻融循环交替试验方法如下所示。

按照 6.2 节中硫酸盐干湿循环试验相关步骤，先将试件进行 15 次硫酸盐干湿循环试验后取出，再按 6.2 节中盐冻融循环试验相关步骤进行 25 次盐冻融循环试验，以上为 1 个交替循环（简称 DF 循环），总共交替循环 6 次，每次交替循环结束后对组合试件进行表观分析、计算质量损失率及界面抗剪强度。图 6－21 为交替循环示意图。

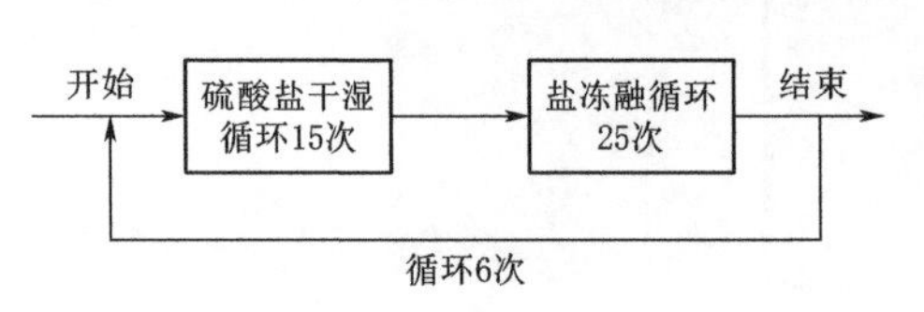

图 6－21　DF 交替循环试验示意图

试验结果分析指标包括外观损伤、质量损失率和抗剪强度，同 6.1 节。

按照以上方法开展金属骨料砂浆—基底混凝土组合试件的硫酸盐干湿—盐冻交替循环试验，研究两种交替循环对金属骨料砂浆—基底混凝土界面耐久性的影响规律。此外，还针对硫酸盐干湿循环和盐冻融循环的单一作用的耐久性指标叠加值与干湿循环—盐冻交替作用后的耐久性指标进行对比，分析两者间的差异。为便于记录和分析，本试验对试件进行编号，见表 6－7。

表 6-7　金属骨料聚氨酯砂浆—基底混凝土 DF 循环试验方案设计

修复材料类型	编　号	盐溶液	交替循环次数/次
金属骨料聚氨酯砂浆	I-N-DF-0	Na_2SO_4	0
	I-N-DF-1		1
	I-N-DF-2		2
	I-N-DF-3		3
	I-N-DF-4		4
	I-N-DF-5		5
	I-N-DF-6		6
	I-M-DF-0	$MgSO_4$	0
	I-M-DF-1		1
	I-M-DF-2		2
	I-M-DF-3		3
	I-M-DF-4		4
	I-M-DF-5		5
	I-M-DF-6		6

试验结果分析如下。

6.3.1 干湿循环—盐冻交替作用对界面耐久性的影响

1. 表观形态变化规律

图 6-22 和图 6-23 显示了金属骨料砂浆—基底混凝土组合试件的表观形态随 DF 循环的变化规律。相比于单一硫酸盐干湿循环和单一盐冻融循环试验，DF 循环劣化更为明显，这是由于在 DF 历时更长，盐结晶积累量以及生成的侵蚀产物更多。从图中可以看出，随着 DF 循环次数的增加，组合试件表面白色结晶盐数量逐渐增加、劣化逐渐严重，金属骨料砂浆表层出现骨料生锈现象，基底混凝土出现表层砂浆掉渣、骨料外露现象。三种材料的劣化程度关系为：混凝土＞金属骨料水泥基砂浆＞金属骨料聚氨酯砂浆。造成上述情况的原因与三种材料自身差异导致的抗渗性和吸水率不同有关，聚氨酯材料由于其具有一定的疏水性使得其抗渗性最高且吸水率最低，抗侵蚀性能最好；金属骨料水泥基砂浆相比于混凝土具有更加密实的内部结构，所以有更出色的抗侵蚀性能。此外，从图中还可以看出，在 Na_2SO_4 溶液中经历 DF 循环的组合试件结晶盐更多、劣化更为严重，一方面是由于 Na_2SO_4 的溶解度较低，易产生盐结晶，由盐结晶积累导致的物理破坏作用更强；另一方面是由于 $MgSO_4$ 中镁离子和氢氧化钙反应生成的氢氧化镁膜包裹着试件表层起到了削弱硫酸盐和冻融循环的双重破坏的作用。

2. 质量损失变化规律

图 6-24 和图 6-25 显示了金属骨料砂浆—基底混凝土经历不同 DF 循环次数后的质量损失率。组合试件的质量损失主要发生在基底混凝土区域。组合试件在 DF 交替循环 1 次时质量小幅度增长，此时金属骨料水泥基砂浆—基底混凝土的质量损失率为－0.39%（5%Na_2SO_4）与－0.36%（5% $MgSO_4$），金属骨料聚氨酯砂浆—基底混凝土质量损失率

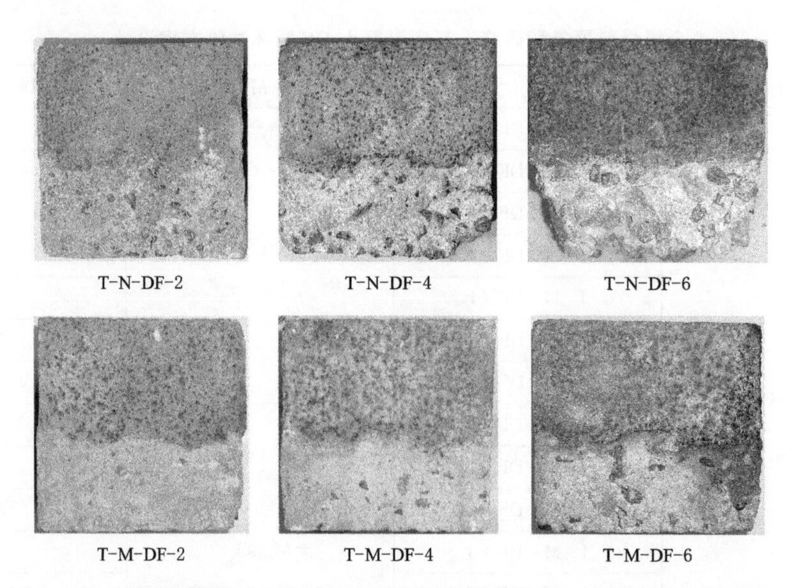

图6-22 不同交替循环次数下的金属骨料水泥基砂浆—基底混凝土表观形态

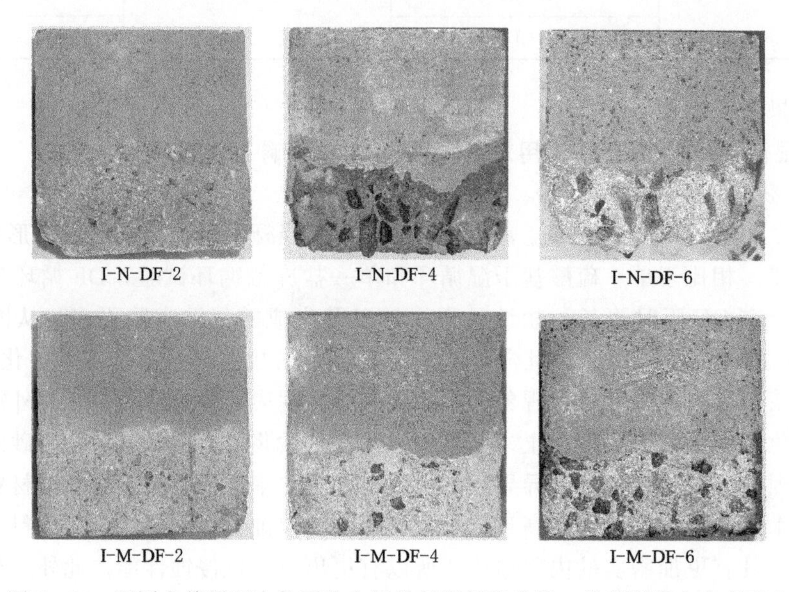

图6-23 不同交替循环次数下的金属骨料聚氨酯砂浆—基底混凝土表观形态

为−0.18%（5%Na_2SO_4）和−0.09%（5% $MgSO_4$），说明在这个阶段硫酸盐的物理结晶及其与水泥基材料发生反应生成的钙矾石和石膏增加了试件的质量，此外由于钙矾石和石膏的生成以及冻融循环使溶液结冰导致部分小孔隙被撑破，使得更多的盐溶液进入试件内部而增加一定质量。在1次DF交替循环后，组合试件的质量开始大幅度降低，经历6次DF交替循环后，金属骨料水泥基砂浆—基底混凝土的质量损失率为6.04%（5% Na_2SO_4）与4.91%（5% $MgSO_4$），金属骨料聚氨酯砂浆—基底混凝土质量损失率为5.86%（5%Na_2SO_4）和4.68%（5% $MgSO_4$），与硫酸盐干湿循环和盐冻融循环的多重破坏作用有关，随着DF循环的进行，组合试件在干湿循环过程中产生了大量的盐结晶和侵蚀产物，而在盐冻融循环过程中盐溶液进入孔隙内部会结冰膨胀，两者共同作用下使得试件的内部孔隙结构被破坏，砂浆逐渐剥落，质量逐渐降低。在Na_2SO_4溶液中组合试件的质量降低更明显，是由于Na_2SO_4在干湿循环与盐冻融循环过程中对水泥基材料的物理破坏作用比$MgSO_4$更强。

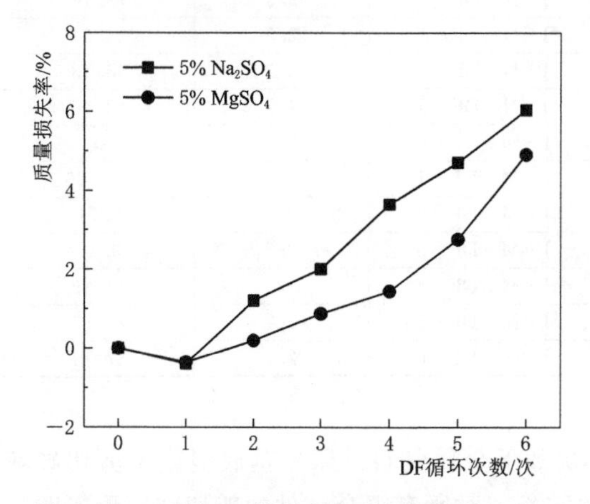

图6-24　不同DF循环次数下的金属骨料水泥基砂浆—基底混凝土质量损失率

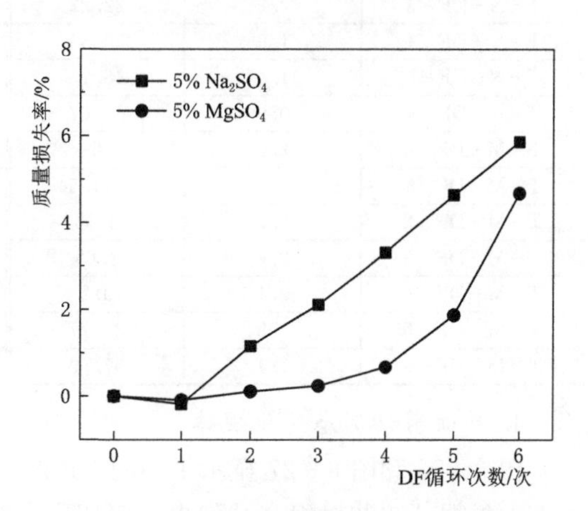

图6-25　不同DF循环次数下的金属骨料聚氨酯砂浆—基底混凝土质量损失率

3. 界面抗剪强度变化规律

表6-8显示了金属骨料砂浆—基底混凝土界面抗剪强度及界面抗剪强度损失率随DF循环的变化规律。可以看出金属骨料砂浆—基底混凝土的界面抗剪强度有先增加后降低的趋势，在DF循环1次时界面抗剪强度增加，说明硫酸盐与水泥水化产物在混凝土—砂浆界面处产生的钙矾石和石膏等填充了混凝土内部、砂浆—混凝土界面处的孔隙，而且由于DF循环次数较少，干湿循环与冻融循环的破坏力相对较弱，导致此时组合试件的界面抗剪强度小幅度增长。当DF循环进行6次后，T-N-DF-6、T-M-DF-6、I-N-DF-6、I-M-DF-6组合试件的界面抗剪强度损失率分别为66.67%、57.69%、48.48%、37.14%。随着DF循环次数的增加，干湿循环与盐冻的双重破坏作用逐渐增强，最终使砂浆—混凝土界面处与混凝土内部薄弱区域的裂缝扩张而导致破坏，组合试件的抗剪强度大幅度降低。硫酸盐种类对组合试件在经历DF循环后的界面抗剪强度差异性较大，在Na_2SO_4溶液中进行DF循环试验的组合试件的界面抗剪强度相对更低。造成上述现象的原因，一方面可能是由于Na_2SO_4转化为$Na_2SO_4 \cdot 10H_2O$体积会增加315%，$Na_2SO_4 \cdot 10H_2O$溶解度随温度降低而降低，在过饱和状态下自发结晶产生高压，其结晶压力使混凝土抗拉强度的5～10倍，在干湿循环与温度变化的环境下，Na_2SO_4溶液对水泥基材料的物理劣化作用更强；另一方面由于DF循环前期镁离子会与水泥水化产物生成氢氧化镁膜，一定程度上抵御了盐溶液的侵蚀。但随着DF循环次数的增加，试件在$MgSO_4$溶液中界面抗剪强度降低更快，这是由于镁离子会将水泥的水化产物置换为没有黏性的水化硅酸镁（M-S-H），导致水泥基材料丧失抗剪强度。

表 6-8　　不同 DF 循环次数下的金属骨料砂浆—基底混凝土界面抗剪强度

试件编号	界面抗剪强度/MPa	界面抗剪强度损失率/%	试件编号	界面抗剪强度/MPa	界面抗剪强度损失率/%
T-N-DF-0	2.7	0	I-N-DF-0	3.3	0
T-N-DF-1	2.8	−3.7	I-N-DF-1	3.4	−3.03
T-N-DF-2	2.3	14.81	I-N-DF-2	3.2	3.03
T-N-DF-3	2.1	22.22	I-N-DF-3	2.9	12.12
T-N-DF-4	1.9	29.63	I-N-DF-4	2.5	24.24
T-N-DF-5	1.4	48.15	I-N-DF-5	2.2	33.33
T-N-DF-6	0.9	66.67	I-N-DF-6	1.7	48.48
T-M-DF-0	2.6	0	I-M-DF-0	3.5	0
T-M-DF-1	3	−11.54	I-M-DF-1	3.6	−2.86
T-M-DF-2	2.5	3.85	I-M-DF-2	3.3	5.71
T-M-DF-3	2.4	7.69	I-M-DF-3	3.2	8.57
T-M-DF-4	2.1	19.23	I-M-DF-4	3	14.29
T-M-DF-5	1.8	30.77	I-M-DF-5	2.7	22.85
T-M-DF-6	1.1	57.69	I-M-DF-6	2.2	37.14

4. 界面剪切形态变化规律

图 6-26 和图 6-27 显示了不同 DF 循环次数下金属骨料砂浆—基底混凝土剪切破坏形态。根据 6.1 节对组合试件界面剪切形态的定义，对所有组合试件的剪切破坏形态图片进行分析处理。从图中可以看出所有组合试件均发生 C 型破坏，且随着 DF 循环次数的增加，在金属骨料砂浆断面上黏结的混凝土越多，说明组合试件的界面黏结力高于基底混凝土的凝聚力，基底混凝土凝聚力随着交替循环的增加而降低，这一方面由于金属骨料在砂浆—基底混凝土界面处提供了较强的机械咬合力提高了组合试件的界面抗剪强度；另一方面基底混凝土孔隙率较高，抗渗性较差，抗干湿—盐冻性能较低。从图中还可以看出，硫酸盐侵蚀范围随着 DF 循环的增加而逐渐扩大，在金属骨料水泥基砂浆—基底混凝土剪切破坏面处的硫酸盐侵蚀范围更大，与 6.1 和 6.2 节的结论类似。相比于单一硫酸盐干湿循环试验与单一盐冻融循环试验，DF 循环对金属骨料砂浆—基底混凝土界面的侵蚀范围更大。

6.3.2　交替作用试验结果和单一作用试验叠加结果的比较

1. 质量损失率比较

金属骨料砂浆—基底混凝土组合试件在单一作用下的质量损失率叠加值如表 6-9 和图 6-28 所示。在相同硫酸盐干湿循环次数和盐冻循环次数下，金属骨料砂浆—基底混凝土的质量损失率的交替结果比单一因素叠加的结果更高。在 Na_2SO_4 溶液中循环 6 次后，金属骨料水泥基砂浆—基底混凝土组合试件质量损失率的交替作用结果比单一因素叠加结果高 0.67%，金属骨料聚氨酯砂浆—基底混凝土组合试件质量损失率的交替作用结果比单一因素叠加结果高 1.32%；在 $MgSO_4$ 溶液中循环 6 次后金属骨料水泥基砂浆质量损失率的交替作用结果比单一因素叠加结果高 0.87%，金属骨料聚氨酯砂浆—基底混凝土组合试件质量损失率的交替作用结果比单一因素叠加结果高 0.99%。这是由于交替作用中硫酸盐侵蚀和冻融循环互相促进加速组合试件的劣化。此外，还可以看出 Na_2SO_4 溶液中进行交替循环加速质量损失的作用更明显，这与 Na_2SO_4 的物理盐结晶破坏作用更强以及 $MgSO_4$ 溶液中镁离子与氢氧化钙反应生成的氢氧化镁保护膜一定程度阻挡硫酸盐侵蚀有关。

图 6-26 不同 DF 循环次数下金属骨料水泥基砂浆—基底混凝土的界面剪切破坏形态

图 6-27　不同 DF 循环次数下金属骨料聚氨酯砂浆—基底混凝土的界面剪切破坏形态

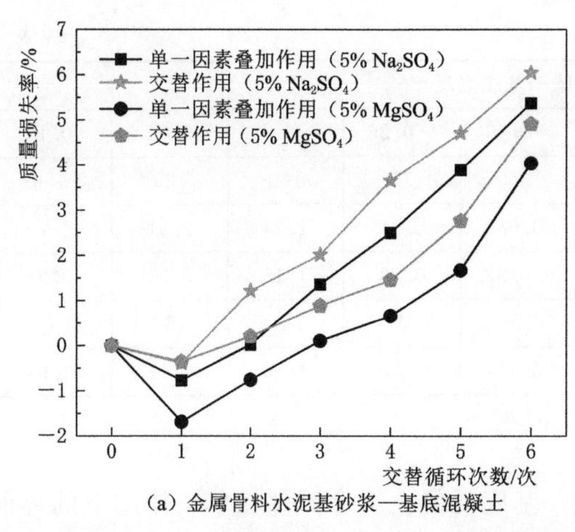

（a）金属骨料水泥基砂浆—基底混凝土

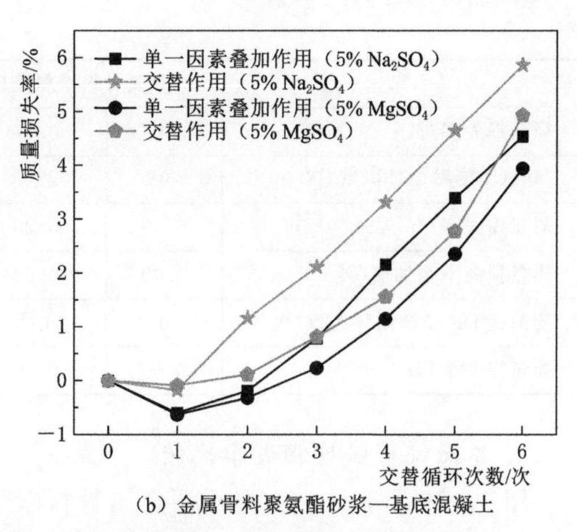

（b）金属骨料聚氨酯砂浆—基底混凝土

图 6-28　交替循环作用和单一因素叠加作用的金属骨料砂浆—基底混凝土质量损失率

表 6-9　金属骨料砂浆—基底混凝土质量损失率单一试验叠加平均值与交替试验结果

金属骨料水泥基砂浆—基底混凝土							
Na_2SO_4 干湿循环次数/次	0	15	30	45	60	75	90
质量损失率/%	0.00	−0.46	−0.49	−0.32	−0.25	0.02	0.25
Na_2SO_4 冻融循环次数/次	0	25	50	75	100	125	150
质量损失率/%	0.00	−0.31	0.51	1.68	2.75	3.87	5.12
质量损失率叠加值	0	−0.77	0.02	1.36	2.5	3.89	5.37
硫酸钠 DF 交替循环次数/次	0	1	2	3	4	5	6
质量损失率/%	0.00	−0.39	1.21	2.01	3.65	4.71	6.04
$MgSO_4$ 干湿循环次数/次	0	15	30	45	60	75	90
质量损失率/%	0.00	−0.66	−0.81	−0.47	−0.32	−0.21	0.12
$MgSO_4$ 冻融循环次数/次	0	25	50	75	100	125	150
质量损失率/%	0.00	−1.03	0.05	0.57	0.98	1.88	3.92
质量损失率叠加值/%	0.00	−1.69	−0.76	0.1	0.66	1.67	4.04
硫酸镁 DF 交替循环次数/次	0	1	2	3	4	5	6
质量损失率/%	0.00	−0.36	0.2	0.88	1.45	2.76	4.91
金属骨料聚氨酯砂浆—基底混凝土							
Na_2SO_4 干湿循环次数/次	0	15	30	45	60	75	90
质量损失率/%	0.00	−0.25	−0.36	−0.28	−0.13	0.03	0.20
Na_2SO_4 冻融循环次数/次	0	25	50	75	100	125	150
质量损失率/%	0.00	−0.35	0.17	1.06	2.29	3.36	4.34
质量损失率叠加值	0.00	−0.6	−0.19	0.78	2.16	3.39	4.54
硫酸钠 DF 交替循环次数/次	0	1	2	3	4	5	6
质量损失率/%	0.00	−0.18	1.16	2.11	3.31	4.64	5.86
$MgSO_4$ 干湿循环次数/次	0	15	30	45	60	75	90

续表

金属骨料聚氨酯砂浆—基底混凝土							
质量损失率/%	0.00	−0.37	−0.40	−0.26	−0.09	0.04	0.18
$MgSO_4$ 冻融循环次数/次	0	25	50	75	100	125	150
质量损失率/%	0.00	−0.26	0.08	0.71	1.24	2.31	3.76
质量损失率叠加值/%	0.00	−0.63	−0.32	0.23	1.15	2.35	3.94
硫酸镁 DF 交替循环次数/次	0	1	2	3	4	5	6
质量损失率/%	0.00	−0.09	0.11	0.45	1.56	2.77	4.93

2. 界面抗剪强度损失率比较

图 6-29 及表 6-10 显示了金属骨料砂浆—基底混凝土组合试件在单一作用下的界面抗剪强度损失率叠加值。单一试验叠加值通过两者强度损失率加和求得。在 Na_2SO_4 和 $MgSO_4$ 溶液中经历 6 次交替循环作用后金属骨料水泥基砂浆—基底混凝土组合试件界面抗剪强度损失率比单一作用叠加（90 次干湿循环单一作用、150 次盐冻融循环单一作用叠加）后的抗剪强度损失率分别高 4.5%和 3.01%，金属骨料聚氨酯砂浆—基底混凝土组合试件分别高 4.01%和 1.85%。说明单一硫酸盐干湿循环和单一盐冻的简单叠加作用对金属骨料砂浆—基底混凝土界面耐久性影响弱于交替循环作用。是由于硫酸盐干湿循环过程中因化学反应生成的钙矾石、石膏等膨胀性物质及烘干阶段的高温都能使基底混凝土与砂浆界面处产生初始裂缝，且因发生化学反应使得基底混凝土中硬化水泥石的强度和黏结性降低，试件在经历盐冻时初始裂缝会因溶液结冰及盐侵蚀作用而扩展，这促进了盐冻融循环的破坏作用，同时盐冻融循环过程中因盐溶液结冰膨胀和硫酸盐与水泥基材料反应产生的裂缝也加速了硫酸盐的侵蚀作用，硫酸盐干湿循环与盐冻相互促进，加速金属骨料砂浆—基底混凝土界面及基底混凝土薄弱区域的破坏。而单一的硫酸盐干湿循环作用和单一的冻融循环作用没有产生的裂缝之间相互的影响效应，所以交替循环对金属骨料砂浆—基底混凝土界面耐久性能的影响更大。

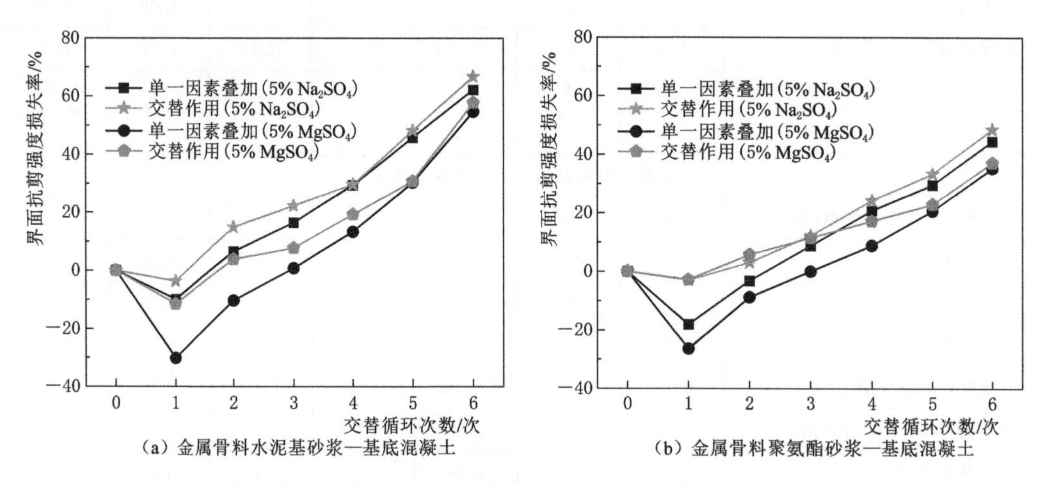

(a) 金属骨料水泥基砂浆—基底混凝土　(b) 金属骨料聚氨酯砂浆—基底混凝土

图 6-29　交替循环作用和单一因素叠加作用的金属骨料砂浆—基底混凝土界面抗剪强度

表 6-10　金属骨料砂浆—基底混凝土界面抗剪强度单一试验叠加平均值与交替试验结果

金属骨料水泥基砂浆—基底混凝土							
Na_2SO_4 干湿循环次数/次	0	15	30	45	60	75	90
界面抗剪强度损失率/%	0	−3.03	3.03	6.06	12.12	18.18	24.24
Na_2SO_4 冻融循环次数/次	0	25	50	75	100	125	150
界面抗剪强度损失率/%	0	−6.9	3.45	10.34	17.24	27.58	37.93
界面抗剪强度叠加值/%	0	−9.93	6.48	16.4	29.36	45.76	62.17
硫酸钠 DF 交替循环次数/次	0	1	2	3	4	5	6
界面抗剪强度损失率/%	0	−3.7	14.81	22.22	29.63	48.15	66.67
$MgSO_4$ 干湿循环次数/次	0	15	30	45	60	75	90
界面抗剪强度损失率/%	0	−11.76	−2.94	2.94	5.88	11.76	17.65
$MgSO_4$ 冻融循环次数/次	0	25	50	75	100	125	150
界面抗剪强度损失率/%	0	−18.52	−7.41	−3.7	7.41	18.52	37.03
界面抗剪强度损失率叠加值/%	0	−30.28	−10.35	0.76	13.29	30.28	54.68
硫酸镁 DF 交替循环次数/次	0	1	2	3	4	5	6
界面抗剪强度损失率/%	0	−11.54	3.85	7.69	19.23	30.77	57.69
金属骨料聚氨酯砂浆—基底混凝土							
Na_2SO_4 干湿循环次数/次	0	15	30	45	60	75	90
界面抗剪强度损失率/%	0	−15.15	−9.09	−3.03	3.03	6.06	12.12
Na_2SO_4 冻融循环次数/次	0	25	50	75	100	125	150
界面抗剪强度损失率/%	0	−2.94	5.88	11.76	17.65	23.53	32.35
界面抗剪强度损失率叠加值/%	0	−18.09	−3.21	8.73	20.68	29.59	44.47
硫酸钠 DF 交替循环次数/次	0	1	2	3	4	5	6
界面抗剪强度损失率/%	0	−3.03	3.03	12.12	24.21	33.33	48.48
$MgSO_4$ 干湿循环次数/次	0	15	30	45	60	75	90
界面抗剪强度损失率/%	0	−20.59	−11.76	−8.82	−5.88	0	8.82
$MgSO_4$ 冻融循环次数/次	0	25	50	75	100	125	150
界面抗剪强度损失率/%	0	−5.88	2.94	8.82	14.71	20.59	26.47
界面抗剪强度叠加值/%	0	−26.47	−8.82	0	8.83	20.59	35.29
硫酸镁 DF 交替循环次数/次	0	1	2	3	4	5	6
界面抗剪强度损失率/%	0	−2.86	5.71	11.42	17.14	22.85	37.14

6.4　干湿循环—盐冻交替作用下界面微观损伤机理

在冻融与硫酸盐作用下，盐溶液进入界面处混凝土和砂浆的孔隙内部会产生盐结晶和侵蚀产物，孔隙结构在盐结晶及侵蚀产物的膨胀作用及冻融循环导致的盐溶液结冰等作用下发生破坏，进而影响其宏观耐久性能。为了研究冻融与硫酸盐作用下金属骨料砂浆—基底混凝土组合试件界面处的微观损伤机理，本节利用 SEM 电镜扫描仪分析界面内部受盐冻—干湿双重作用影响的微观结构特征，其次利用 X 射线衍射仪对界面处的物质进行分析，找到界面处的物质成分经干湿—盐冻双因素影响后的变化规律。试验方案参见 3.2.11 节及 3.2.12 节。

在金属骨料砂浆—基底混凝土界面处进行取样并开展 SEM 及 XRD 试验。为方便分析，对试件样品进行编号，见表 6－11。

表 6－11　金属骨料砂浆—基底混凝土微观性能试验方案设计

编　号	样品经历的交替循环类型
DF－0	未经历交替循环
DF－Na	经历 6 次 Na_2SO_4 交替循环
DF－Mg	经历 6 次 $MgSO_4$ 交替循环

6.4.1　界面微观结构演变特征

经历 0 次与 6 次交替循环后金属骨料水泥基砂浆—基底混凝土界面微观形貌如图 6－30 所示，从图中可以看出未经历交替循环时组合试件界面处的混凝土及金属骨料水泥基砂浆部分较为致密，除水泥砂浆及金属骨料外还可以观察到六方板状氢氧化钙，组合试件在 Na_2SO_4 溶液中经历 6 次交替循环后，由于冻融与干湿循环的双重作用使得黏结界面变宽，在基底混凝土区域内，可以发现大量针状钙矾石以及被侵蚀的氢氧化钙，钙矾石产生较大的膨胀应力撑破了孔隙结构，使得基底混凝土孔隙变大，在金属骨料水泥基砂浆区域也生成了钙矾石，但钙矾石数量不及基底混凝土区域，这些钙矾石同样导致了金属骨料水泥基砂浆的部分孔隙破坏，在 Na_2SO_4 溶液中经历 6 次交替循环后，组合试件界面整体结构相比于未经历交替循环的组合试件的界面结构更加松散，导致了其宏观耐久性能大幅度降低。而在 $MgSO_4$ 溶液中经历 6 次交替循环后，可以看到有部分氢氧化镁覆盖在混凝土表面，氢氧化镁可以在一定程度上阻挡硫酸盐侵蚀，所以在 $MgSO_4$ 中经历交替循环后的组合试件界面被侵蚀程度相对较小，但由于镁离子与水泥水化产物发生化学反应，将水化产物置换而生成没有胶结力的水化硅酸镁，这导致混凝土及金属骨料砂浆被剥蚀，裂纹拓展，使得黏结界面变宽，影响了组合试件的宏观耐久性。

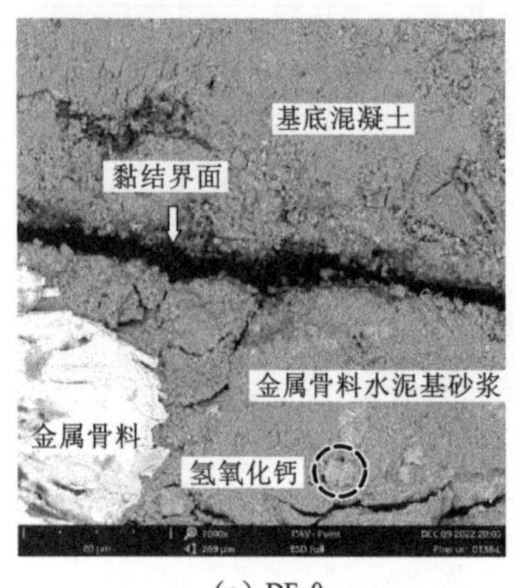

(a) DF-0

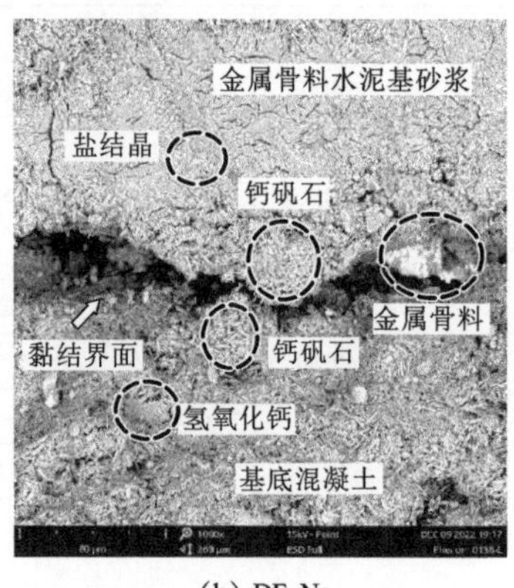

(b) DF-Na

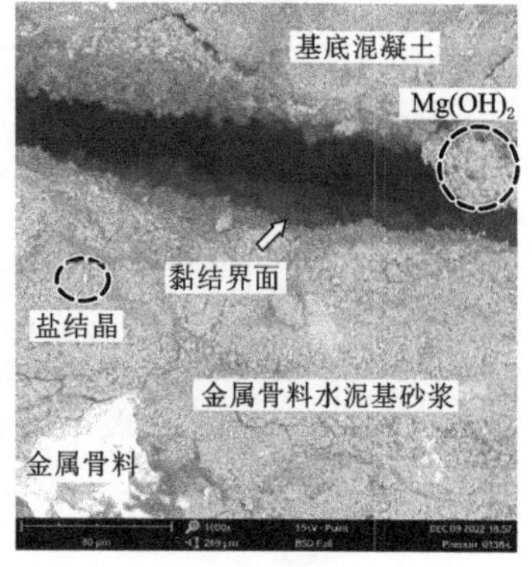

(c) DF-Mg

图 6－30　金属骨料水泥基砂浆—基底混凝土界面微观形貌

图 6－31 显示了经 0 次和 6 次交替循环后金属骨料聚氨酯砂浆—基底混凝土界面的微观形貌。未经历交替循环的组合试件界面结构较为致密，整体性较好，界面宽度比金属骨料水泥基砂浆—基底混凝土的黏结界面宽度更小，所以其界面抗剪强度较高。在 Na_2SO_4 溶液中经历 6 次交替循环后，在基底混凝土区域产生了大量的钙矾石，在金属骨料聚氨酯砂浆处有大量 $Na_2SO_4 \cdot 10H_2O$ 结晶，此外黏结界面变宽，整体性变差。

在 $MgSO_4$ 溶液中经历 6 次交替循环后同样有盐结晶产生，还可以观察到在基底混凝土表面有氢氧化镁薄膜生成，黏结界面宽度变大，界面整体性同样变差。在两种盐溶液中，金属骨料聚氨酯砂浆区域除了有盐结晶产生之外没有明显变化，说明盐溶液对聚氨酯材料影响较小。

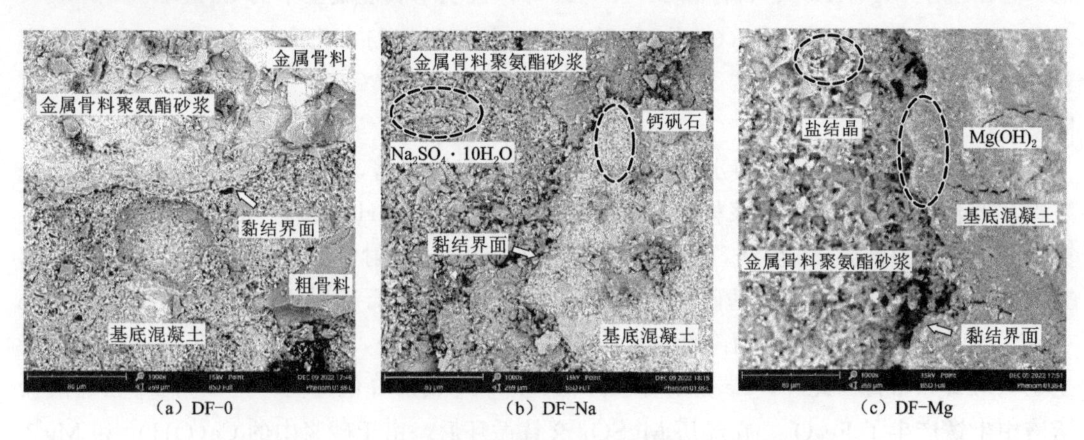

(a) DF-0　　(b) DF-Na　　(c) DF-Mg

图 6-31　金属骨料聚氨酯砂浆—基底混凝土界面微观形貌

6.4.2　界面物相分析

图 6-32 为基底混凝土分别在未经历交替循环、经历 6 次 Na_2SO_4 交替循环和经历 6 次 $MgSO_4$ 交替循环下的 X 射线衍射图谱。从图中可以看出，混凝土中存在大量的 SiO_2，但其变化与基底混凝土强度及耐久性无明显关系，所以在 XRD 分析中不考虑 SiO_2 的变化情况。在图中可以看到 $CaCO_3$ 峰较强，是由于碳化作用使得混凝土中部分 $Ca(OH)_2$ 被转化为了 $CaCO_3$。与未经历交替循环的样品相比，经历 Na_2SO_4 交替循环的样品其 $CaCO_3$、$Ca(OH)_2$ 及 C—S—H 峰降低，而钙矾石、石膏衍射峰值明显升高，且出现了 Na_2SO_4 衍射峰，说明随着 Na_2SO_4 交替循环的进行，基底混凝土内部 Na_2SO_4 结晶逐渐

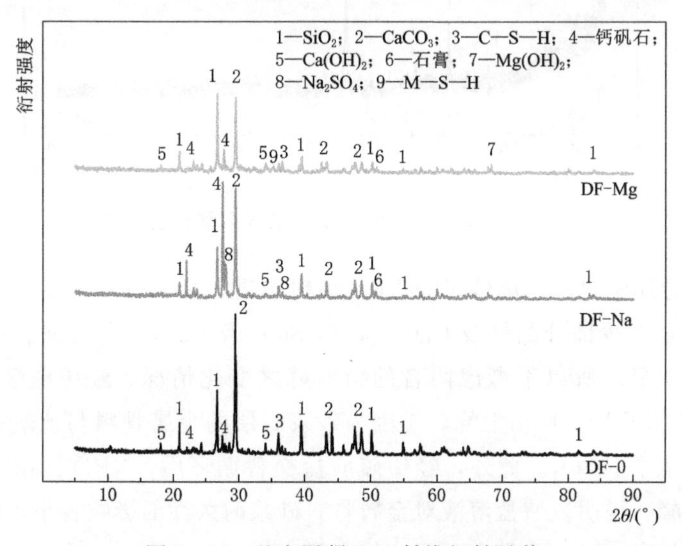

图 6-32　基底混凝土 X 射线衍射图谱

增多，基底混凝土$Ca(OH)_2$及C—S—H被Na_2SO_4消耗，在混凝土中生成了钙矾石和石膏，导致$CaCO_3$、$Ca(OH)_2$、C—S—H逐渐减少或被钙矾石、石膏取代。基底混凝土经历6次$MgSO_4$交替循环后，XRD图谱上的$CaCO_3$、$Ca(OH)_2$和C—S—H衍射峰同样降低，且出现了$Mg(OH)_2$、石膏和M—S—H峰，说明基底混凝土中的$Ca(OH)_2$和Mg^{2+}与SO_4^{2-}反应分别生成了$Mg(OH)_2$和石膏，Mg^{2+}又继续与水化产物C—S—H反应，导致C—S—H被置换成无胶结力的M—S—H，最终使$Ca(OH)_2$和C—S—H衍射峰值降低。

图6-33显示了金属骨料水泥基砂浆的X射线衍射图谱，从衍射图谱可知，未经历交替循环的金属骨料水泥基砂浆样品的主要成分为Fe、$Ca(OH)_2$和C—S—H，由于在标准养护箱养护使得部分Fe生锈，所以图谱中还有Fe_2O_3衍射峰。经历Na_2SO_4与$MgSO_4$交替循环后的金属骨料水泥基砂浆样品图谱中出现了钙矾石衍射峰和石膏衍射峰，而$Ca(OH)_2$和C—S—H衍射峰值降低，说明砂浆中的$Ca(OH)_2$与SO_4^{2-}及C—S—H反应产生了钙矾石和石膏。此外，Fe衍射峰值降低，Fe_2O_3衍射峰值升高，是因为Fe在硫酸盐溶液中生锈产生了Fe_2O_3。在经历$MgSO_4$交替循环后，由于砂浆中的$Ca(OH)_2$和Mg^{2+}生成$Mg(OH)_2$，所以在图谱中还出现了$Mg(OH)_2$衍射峰。

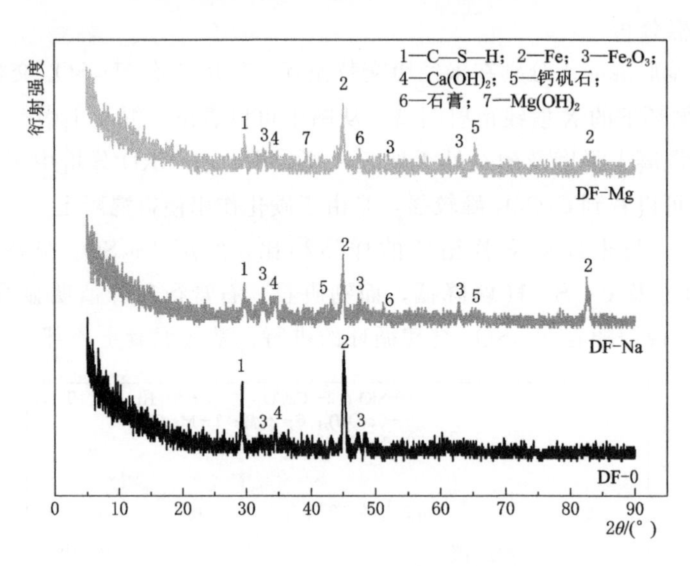

图6-33 金属骨料水泥基砂浆X射线衍射图谱

图6-34为金属骨料聚氨酯砂浆的XRD衍射图谱，金属骨料聚氨酯砂浆中存在大量SiO_2，除此之外还有少部分的铁及$CaCO_3$，但SiO_2及$CaCO_3$与金属骨料聚氨酯砂浆耐久性变化影响不明显，所以不考虑两者的衍射峰之变化情况。经历硫酸盐交替循环后，XRD图谱中仅增加了Fe_2O_3衍射峰，是因为砂浆表层的金属骨料与硫酸盐溶液及氧气接触发生锈蚀，产生了Fe_2O_3。此外，经历硫酸盐交替循环后，XRD图谱中并未出现硫酸盐侵蚀产物衍射峰，说明硫酸盐溶液对金属骨料砂浆耐久性的影响较小，聚氨酯材料的抗渗性及耐化学性较高，抵御盐类介质侵蚀能力强。

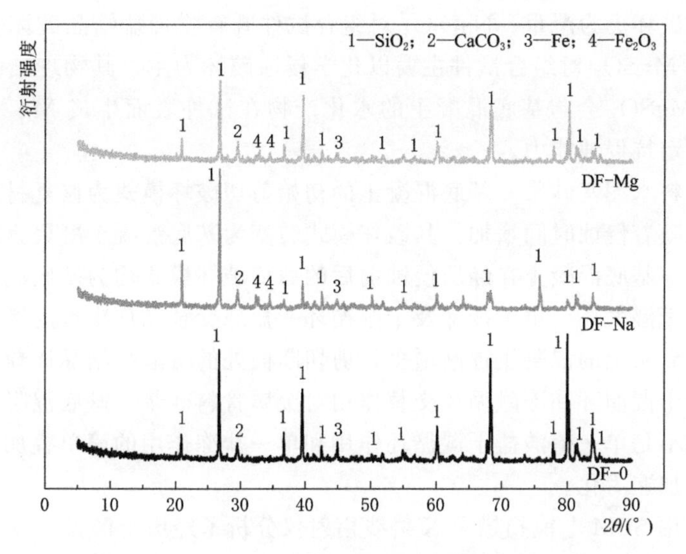

图 6-34 金属骨料水泥基砂浆 X 射线衍射图谱

6.5 本 章 小 结

本章针对金属骨料砂浆修复我国西部高寒盐湖地区水工混凝土的实际工程需要，首先对 2 种金属骨料砂浆（金属骨料水泥基砂浆、金属骨料聚氨酯砂浆）进行砂浆本体的耐久性研究，确定砂浆本体的抗渗性、吸水率、抗硫酸盐干湿循环及抗盐冻融循环性能，其次开展金属骨料砂浆—基底混凝土界面耐久性试验，研究在分别经历单一硫酸盐干湿循环作用、硫酸盐干湿循环—盐冻融循环交替作用后的耐久性指标变化规律，最后，利用扫描电镜及 X 射线衍射仪对经历硫酸盐干湿—盐冻交替循环后的组合试件界面处的微观结构及化学成分进行分析研究，本章的主要结论如下：

(1) 金属骨料水泥基砂浆与金属骨料聚氨酯砂浆均具有较高的抗渗性和较低的吸水率，金属骨料聚氨酯砂浆的抗渗性高于金属骨料水泥基砂浆，其吸水率低于金属骨料水泥基砂浆。相比于金属骨料水泥基砂浆，金属骨料聚氨酯砂浆在 2 种硫酸盐溶液（5% Na_2SO_4、5% $MgSO_4$）中经历干湿循环作用及盐冻融循环作用后的质量损失率、抗压强度变化幅度更小，抗侵蚀能力更出色。

(2) 金属骨料砂浆—基底混凝土组合试件界面抗剪强度变化规律可以分为 2 个阶段：①强度提高阶段：基底混凝土的内部及混凝土与砂浆界面处的孔隙被侵蚀产物和结晶盐填补，对组合试件有一定的加强作用；②强度降低阶段：在干湿循环过程中侵蚀产物的膨胀力和硫酸盐结晶压力对孔隙结构造成一定程度的破坏，在盐冻融循环过程中除侵蚀产物、盐结晶造成的膨胀应力外还有冻融产生的冻胀力作用于孔隙结构，使组合试件界面抗剪强度降低。

(3) 随着硫酸盐干湿循环及盐冻融循环次数的增加，剪切破坏界面处的盐结晶数量逐渐增多，硫酸盐侵蚀范围逐渐扩大。相比于 $MgSO_4$，Na_2SO_4 对金属骨料砂浆—基底混凝土界面耐久性破坏更为严重，Na_2SO_4 对组合试件既有物理盐结晶破坏作用又有化学侵蚀破坏作用，而 $MgSO_4$ 对组合试件主要以化学侵蚀破坏为主，其物理结晶破坏作用低于 Na_2SO_4，此外 $MgSO_4$ 会与基底混凝土的水化产物在试件表面生成 Mg（OH）$_2$ 致密层，该致密层具有一定抗侵蚀能力。

（4）金属骨料水泥基砂浆—基底混凝土的初始剪切破坏模式为修复材料与基底混凝土混合破坏模式，随着侵蚀时间增加，其破坏模式转变为基底混凝土凝聚力破坏模式；金属骨料聚氨酯砂浆—基底混凝土在经历侵蚀前后的剪切破坏模式均为基底混凝土凝聚力破坏模式。随着单一干湿循环、单一盐冻及干湿循环—盐冻交替循环次数的增加，剪切破坏后黏结在金属骨料砂浆上的混凝土逐渐增多，剪切断面处的硫酸盐结晶逐渐增加。

（5）硫酸盐干湿循环和冻融循环交替作用对金属骨料砂浆—基底混凝土组合试件界面耐久性能的影响不是单一硫酸盐干湿循环作用和单一盐冻作用的简单叠加效应，而是两种因素相互促进，加速劣化。

（6）通过利用 SEM 电镜扫描及 X 射线衍射仪分析了经历干湿循环—盐冻交替循环后金属骨料砂浆—基底混凝土的界面微观结构及物相变化。结果表明，经历交替作用后金属骨料砂浆—基底混凝土界面宽度增加。基底混凝土经历 Na_2SO_4 交替循环后内部结构疏松，$Ca(OH)_2$ 及 CSH 被消耗，并产生了大量钙矾石及 $Na_2SO_4 \cdot 10H_2O$，经历 $MgSO_4$ 交替循环后有 $Mg(OH)_2$ 及 MSH 生成；金属骨料水泥基砂浆经历 Na_2SO_4 交替循环后微裂纹增多，也有钙矾石生成，部分金属铁发生锈蚀而转化为 Fe_2O_3，经历 $MgSO_4$ 交替循环后除金属铁生锈外还有 $Mg(OH)_2$ 产生；金属骨料聚氨酯砂浆经历 Na_2SO_4 和 $MgSO_4$ 交替循环后除部分铁骨料发生锈蚀外无明显变化。

（7）结合本章的试验研究结果，在高寒盐湖地区老化的水工混凝土实际修补工程中，利用金属骨料水泥基砂浆进行修复时需先湿润基底混凝土表面、涂抹界面剂，再浇筑砂浆，在冬季浇筑砂浆时需采取保温措施，养护时间为 28d。利用金属骨料聚氨酯砂浆修复时无需底涂，无需采取保温措施，可直接浇筑于基底混凝土表面，养护时间为 28d。由于金属骨料聚氨酯砂浆的抗干湿—盐冻性能更为出色、黏结性能更强且施工较为简便，所以优先选取金属骨料聚氨酯砂浆进行修复。修复过程中需要对基底混凝土进行粗糙度处理，粗糙度为 2.78mm 左右较为适宜。

第7章 冲磨—冻融作用下聚氨酯类修复砂浆与基底混凝土界面的耐久性能

随着水工建筑物使用年限的增加，混凝土表面的冲磨与冻融损伤成为影响其耐久性的重要因素。近年来，聚氨酯修复砂浆因其优异的性能被广泛应用于混凝土表面的修复。然而，在冲磨—冻融耦合作用下，聚氨酯修复砂浆与基底混凝土界面的耐久性能尚需深入研究。本章旨在通过分析不同条件下界面的损伤机理和变化规律，探讨冲磨—冻融耦合作用下聚氨酯修复砂浆及其与基底混凝土界面的耐久性能。

7.1 冻融与冲磨作用下修复砂浆的耐久性能

对修复砂浆进行冻融试验、冲磨试验及冻融与冲磨交替试验以测定其在冻融与冲磨作用下的耐久性能。

按照3.1节中修复砂浆制备方法进行砂浆拌和物制备，将制备好的砂浆拌和物填筑进40mm×40mm×40mm的三联试模，填筑完成后置于混凝土振动台振动30s。砂浆时间带模置于室内养护24h后拆模移入标准恒温恒湿养护箱（温度20℃±2℃；湿度≥95%），养护28d后取出备用。

冻融试验采用40mm×40mm×40mm的试件，最大冻融次数设置为300次，每隔25次循环对试件表观形态拍照分析，并测试试件的质量损失和抗压强度，具体测试方法和数据处理方法按照3.2.3节中的冻融试验方法进行。

抗冲磨试验方案及数据处理方法参见3.2.2节。冲磨试验最大冲磨时间设置为144h，每隔24h对试件表观形态拍照分析，并测试试件的质量损失、最大磨蚀深度、抗冲磨强度和抗压强度。

冻融与冲磨交替试验方案为：冻融25次后冲磨24h为一次交替作用，直至达到冻融150次、冲磨144h；每次交替作用后对试件表观形态拍照分析，并测试试件的质量损失、最大冲坑深度和抗压强度。

试验结果分析如下。

7.1.1 表观损伤

修复砂浆在冻融循环作用下的表观变化如图7-1和图7-2所示。经过100次冻融循环后，EVA砂浆试件表面出现了轻微的损伤，只有部分表层的砂浆剥落；在经过150次冻融循环后，表层砂浆已完全剥落，并从试件边缘和角落处开始剥落；当冻融次数达到300次时，EVA砂浆表面已变得不均匀，试件的边角处也有大块的砂浆剥落。对金属砂浆来讲，随冻融次数的增加，肉眼无法观察到试件表面的变化，说明冻融循环并没有对砂浆的表面造成明显的损伤。这是因为金属砂浆的自身强度比较高，内部结构密实，抵抗结冰膨胀力的能力比较强。可见在冻融循环过程中，金属砂浆有非常强的抗剥蚀能力。

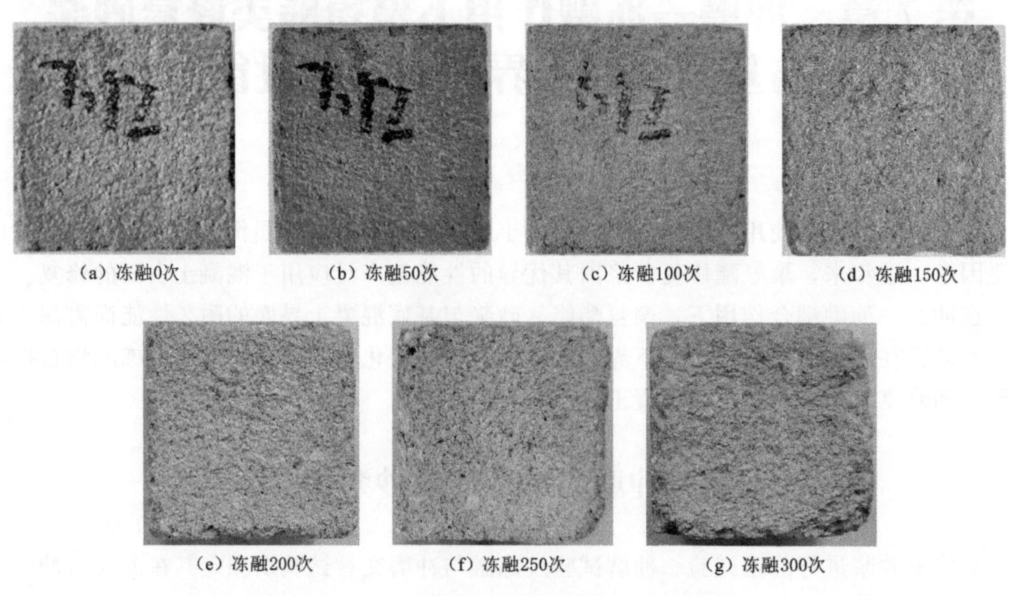

(a) 冻融0次　(b) 冻融50次　(c) 冻融100次　(d) 冻融150次

(e) 冻融200次　(f) 冻融250次　(g) 冻融300次

图 7-1　EVA砂浆在冻融作用下的表观变化

(a) 冻融0次　(b) 冻融50次　(c) 冻融100次　(d) 冻融150次

(e) 冻融200次　(f) 冻融250次　(g) 冻融300次

图 7-2　金属砂浆在冻融作用下的表观变化

修复砂浆在冲磨作用下的表观变化如图 7-3 和图 7-4 所示。可以看出，EVA砂浆试件在冲磨 24h 后，表层砂浆已被完全磨蚀，露出较细的石英砂；随着冲磨时间的增加，大粒径的石英砂也显露出来，并且可以看到砂浆内部的孔洞；在冲磨时间达到 96h 时，砂浆表面变得凹凸不平，随冲磨时间增加，磨蚀深度增大导致出现明显的冲坑。金属砂浆在冲磨作用下的表观变化大致可以分为 2 个阶段：第一阶段，冲磨时间 0～72h，表层砂浆磨蚀，逐渐可以看到金属骨料露出，冲磨时间达 72h 时，金属骨料完全露出；第二阶段，72～144h，磨蚀深度加深，冲磨时间达到 144h 时，砂浆表面变得不均匀。

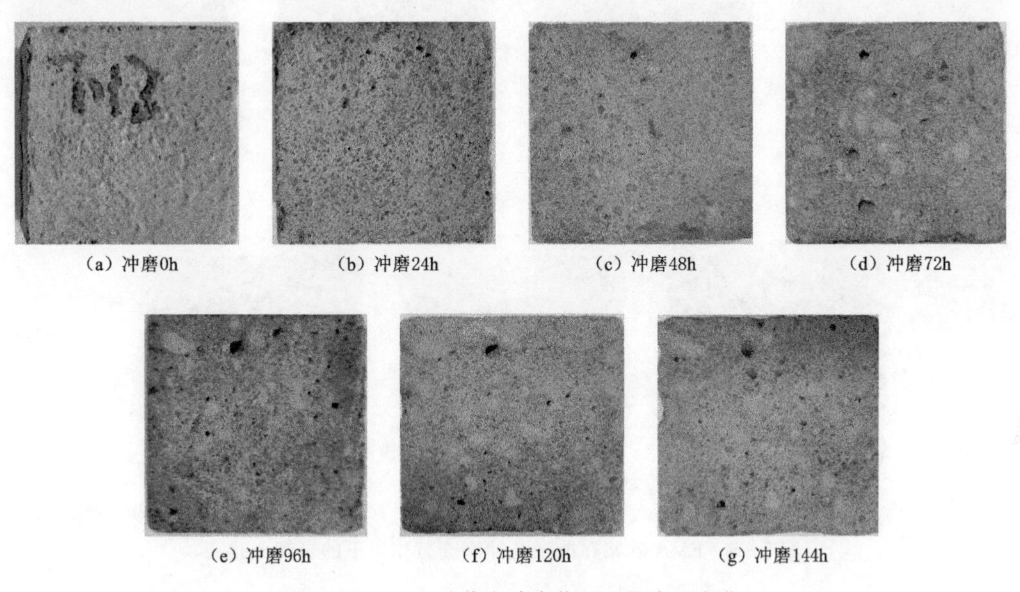

(a) 冲磨0h (b) 冲磨24h (c) 冲磨48h (d) 冲磨72h

(e) 冲磨96h (f) 冲磨120h (g) 冲磨144h

图 7-3 EVA 砂浆在冲磨作用下的表观变化

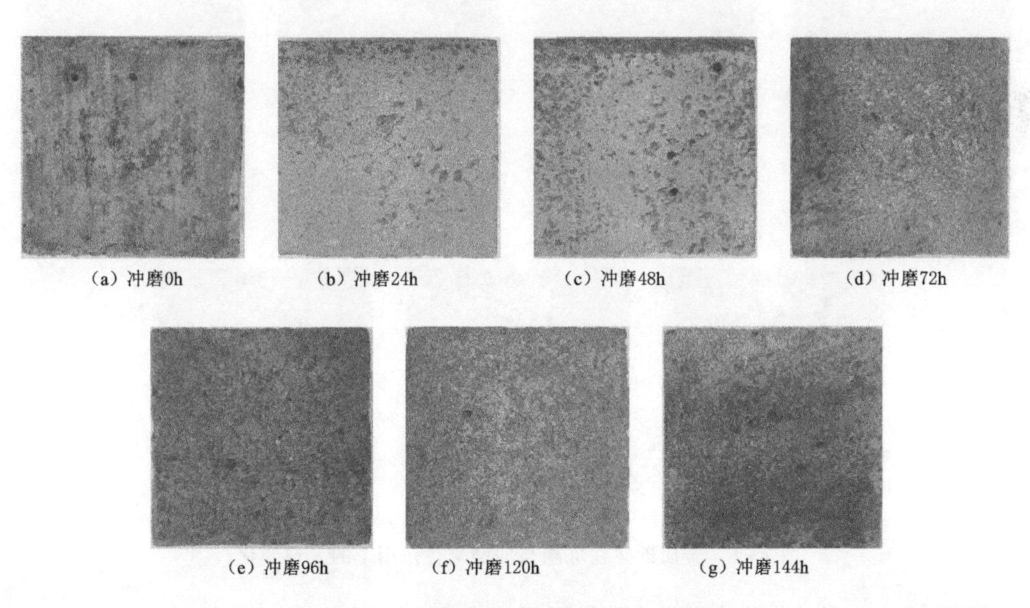

(a) 冲磨0h (b) 冲磨24h (c) 冲磨48h (d) 冲磨72h

(e) 冲磨96h (f) 冲磨120h (g) 冲磨144h

图 7-4 金属砂浆在冲磨作用下的表观变化

图 7-5 和图 7-6 分别为 EVA 砂浆和金属砂浆在冻融与冲磨交替作用下的表观变化。砂浆的表观变化与单一冲磨作用下的变化规律相似。不同的是，EVA 砂浆在达到冻融

150次、冲磨144h时，出现了更明显的冲坑；而金属砂浆在经历50次冻融循环、48h的冲磨后，表层砂浆就已经被完全磨蚀。说明冻融循环与冲磨的耦合作用使试样受到了更严重的损伤。

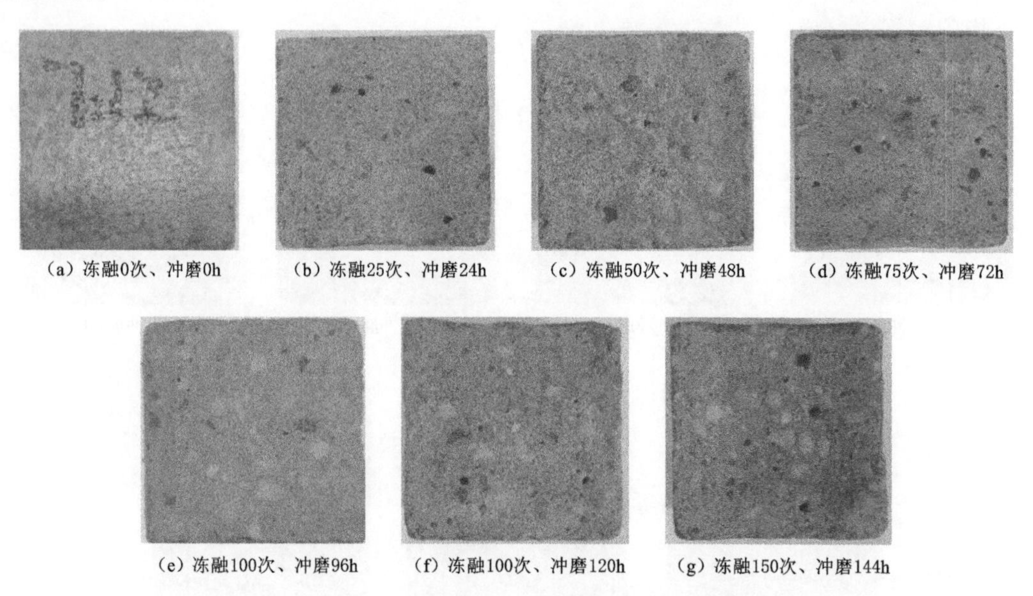

(a) 冻融0次、冲磨0h　(b) 冻融25次、冲磨24h　(c) 冻融50次、冲磨48h　(d) 冻融75次、冲磨72h

(e) 冻融100次、冲磨96h　(f) 冻融100次、冲磨120h　(g) 冻融150次、冲磨144h

图7-5　EVA砂浆在冻融与冲磨交替作用下的表观变化

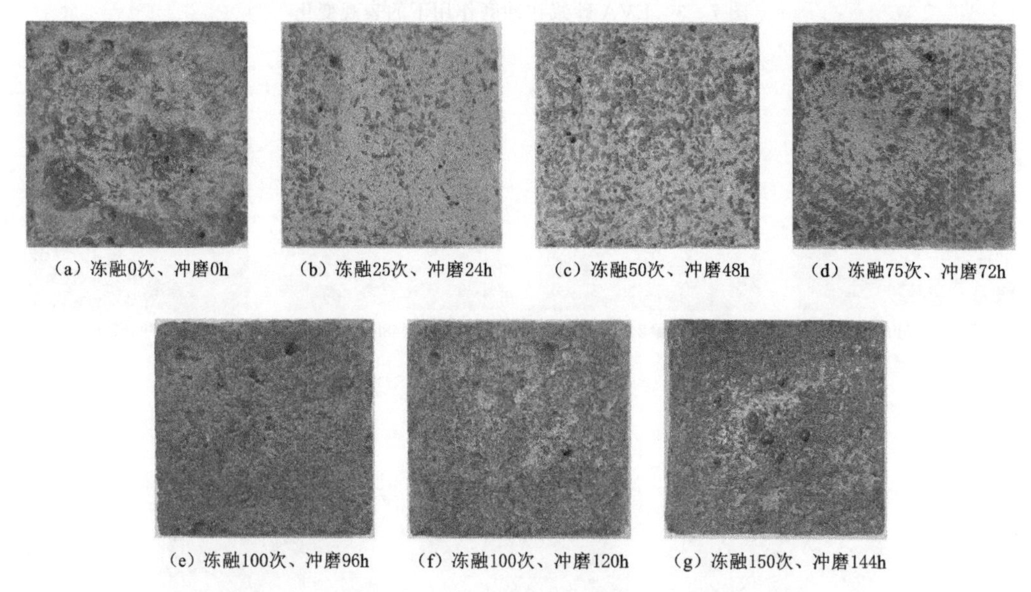

(a) 冻融0次、冲磨0h　(b) 冻融25次、冲磨24h　(c) 冻融50次、冲磨48h　(d) 冻融75次、冲磨72h

(e) 冻融100次、冲磨96h　(f) 冻融100次、冲磨120h　(g) 冻融150次、冲磨144h

图7-6　金属砂浆在冻融与冲磨交替作用下的表观变化

图7-7为修复砂浆在冲磨与冻融作用下的最大磨蚀深度。为了更好地描述冲磨时间与最大磨蚀深度的关系，将冲磨时间分为三个时间段（0～48h，48～96h，96～144h），绘制了砂浆最大磨蚀深度增长速度与冲磨时间段的关系图，如图7-8所示。

由图7-7可以看出，与单一冲磨作用相比，冻融与冲磨交替作用下的修复砂浆的最大磨损深度更大。冻融作用使两种修复砂浆的耐磨性降低，且这种影响随冻融次数或冲磨时间的增加而增强。EVA 砂浆与金属砂浆相比，EVA 砂浆的磨蚀深度受冻融作用的影响更大。如图 7-8 所示，随着冲磨时间增长，EVA 砂浆最大磨蚀深度的增长速度逐渐降低，可能是由于在冲磨的初始阶段，首先剥落的是 EVA 砂浆表面强度较低的砂浆基质，经过一定时间的冲磨后，砂浆内的石英砂暴露，导致最大磨蚀深度的增长速度降低。而金属砂浆最大磨蚀深度的增长速度呈现出现增长后降低的趋势。原因可能是：冲磨初始阶段磨蚀的是金属砂浆表面光滑基质，随冲磨时间增加，砂浆表面逐渐变得粗糙，导致砂浆最大磨蚀深度增长速度增大；经过一定的冲磨时间后，金属骨料逐渐暴露，造成砂浆最大磨蚀深度增长速度减小。

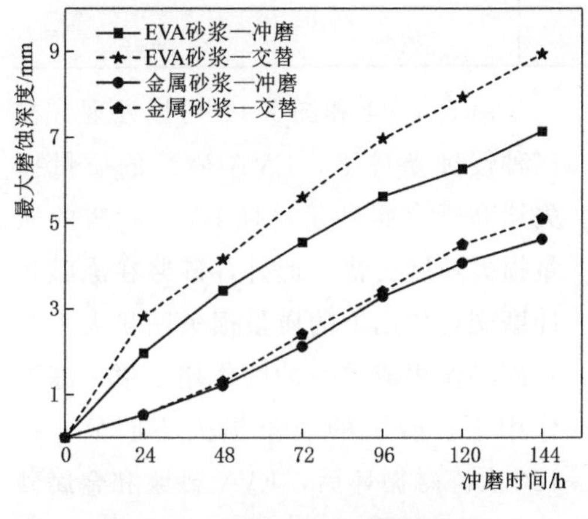

图 7-7 修复砂浆在冻融与冲磨作用下的最大磨蚀深度

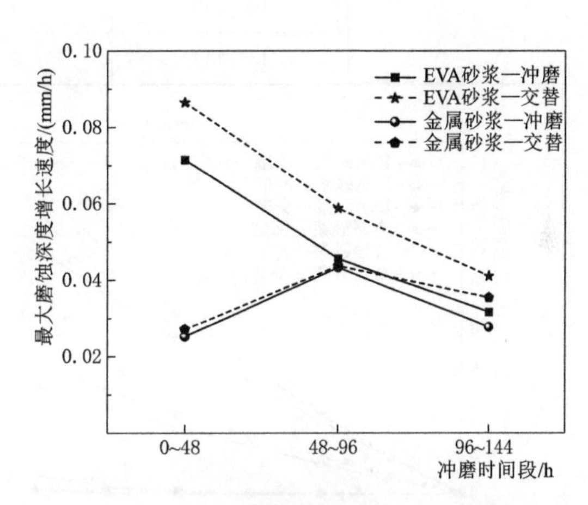

图 7-8 修复砂浆最大磨蚀深度与冲磨时间段的关系

7.1.2 质量损失

表 7-1 总结了 EVA 砂浆和金属砂浆在单一冻融、单一冲磨以及冻融冲磨交替作用下的质量损失率。根据表中数据绘制了修复砂浆在冻融与冲磨作用下的质量损失率的曲线图，如图 7-9 所示。

表 7-1 修复砂浆在冻融与冲磨作用下的质量损失率

砂浆名称	冻融次数/次/冲磨时间/h	质量损失率/%		
		冻融	冲磨	交替
EVA 砂浆	0	0.00	0.00	0.00
	25/24	0.00	1.73	1.83
	50/48	0.00	3.54	3.85
EVA 砂浆	75/72	0.07	5.41	6.20
	100/96	0.14	7.43	8.73
	125/120	0.36	9.67	11.69
	150/144	0.94	11.98	15.14

续表

砂浆名称	冻融次数/次/冲磨时间/h	质量损失率/%		
		冻融	冲磨	交替
金属砂浆	0	0.00	0.00	0.00
	25/24	0.00	0.66	0.87
	50/48	0.00	1.48	1.83
	75/72	0.00	2.33	2.82
	100/96	0.00	3.26	3.86
	125/120	0.09	4.23	5.02
	150/144	0.27	5.24	6.22

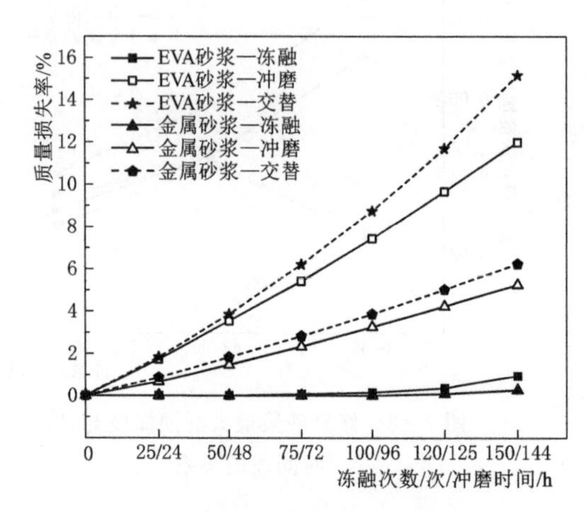

图 7-9　修复砂浆在冻融与冲磨作用下的质量损失率曲线

由表 7-4 和图 7-9 可以发现，在三种侵蚀条件下，EVA 砂浆的质量损失均高于金属砂浆，且 EVA 砂浆的质量损失速度更快。此外，砂浆在冻融和冲磨交替作用下的质量损失明显大于单一冻融作用或单一冲磨作用。单一冻融作用下，砂浆的质量损失不明显，在 150 次冻融循环后，EVA 砂浆和金属砂浆的质量损失分别为 0.94%和 0.27%。EVA 砂浆和金属砂浆试件在冲磨 144h 后的质量损失分别为 11.98%和 5.24%，而在经历冻融 150 次、冲磨 144h 后的质量损失为 15.14%和 6.22%，约为单一冲磨作用下的 1.2 倍。冻融与冲磨的交替作用造成的质量损失超过了单一冻融和单一冲磨作用造成质量损失的总和。在冻融条件下，砂浆试件的质量损失是由砂浆表面剥落引起的，冻融循环导致的剥落是一种渐进现象，它首先破坏的是砂浆的表层。冻融作用首先使试样表层孔隙中的水结冰，冷冻水的体积膨胀约 9%，砂浆孔隙内壁受到拉伸应力和较大的静水压力，导致孔隙周围出现微裂缝，表层砂浆密实度降低，导致表层砂浆的抗冲磨性能降低。随着冻融循环的进行，砂浆表层毛细孔内为结冰的水向试样内部孔隙扩散，导致试样内部也受到损伤，使得砂浆在后续的冲磨作用中更容易被磨蚀。

7.1.3　抗冲磨强度变化

表 7-2 反映了两种修复砂浆在单一冲磨及冻融与冲磨交替作用下的抗冲磨强度。根据表 7-2 绘制了 EVA 砂浆和金属砂浆的抗冲磨强度变化曲，如图 7-10 所示。

表 7-2　　修复砂浆抗冲磨强度

砂浆名称	冲磨时间/h	试验条件	抗冲磨强度 /[h/(kg/m^2)]	抗冲磨强度损失率 /%
EVA砂浆	24	冲磨	16.00	0.00
		交替	14.77	0.01
	48	冲磨	15.36	4.00
		交替	13.38	9.41
	72	冲磨	14.77	7.69
		交替	11.53	21.93
	96	冲磨	13.71	14.29
		交替	10.67	27.78
	120	冲磨	12.39	22.58
		交替	9.14	38.10
	144	冲磨	12.00	25.00
		交替	7.84	46.94
金属砂浆	24	冲磨	20.21	0.00
		交替	18.29	0.02
	48	冲磨	20.76	−2.71
		交替	16.70	8.72
	72	冲磨	19.69	2.56
		交替	16.00	12.52
	96	冲磨	18.29	9.50
		交替	15.36	16.02
	120	冲磨	17.45	13.66
		交替	13.71	25.02
	144	冲磨	16.70	17.37
		交替	13.24	27.60

根据表 7-2 和图 7-10 可知，金属砂浆的抗冲磨强度高于 EVA 砂浆，且金属砂浆抗冲磨强度的下降速度小于 EVA 砂浆，与两种砂浆的抗压强度有密切的联系。单一冲磨作用下，EVA 砂浆的抗冲磨强度随冲磨时间的增长而下降，EVA 砂浆在 0～24h 和 120～144h 时间段内的抗冲磨强度分别为 16h/(kg/m^2) 和 12h/(kg/m^2)，下降幅度达 25%，原因是在冲磨过程中，砂浆表面逐渐变得不均匀，出现冲坑，进而更容易遭受磨蚀；金属砂浆在 24～48h 时间

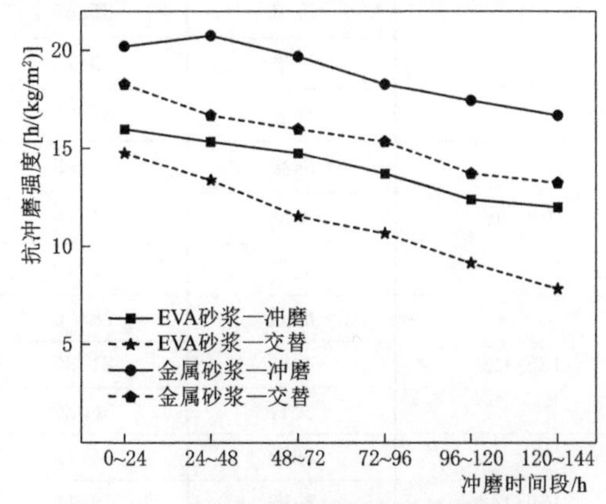

图 7-10　修复砂浆在冻融与冲磨作用下的抗冲磨强度

段内的抗冲磨强度为 20.76h/(kg/m^2)，较 0～24h 时的抗冲磨强度有所增长，而后随冲磨时间增长而下降，在 120～144h 时间段内的抗冲磨强度损失率达到 17.37%。原因可能是金属砂浆试件的成形表面不含金属骨料，在冲磨 24h 后，金属骨料逐渐露出，耐磨性有所增加，而随着冲磨时间的增加，砂浆表面的平整度降低，更容易遭受磨蚀。

由图 7-10 可以看出，不论冲磨时间长短，在冻融与冲磨交替作用下的砂浆抗冲磨强度都低于单一冲磨作用下砂浆的抗冲磨强度。在冻融与冲磨的交替作用下，与 0～24h 内的抗冲磨强度相比，EVA 砂浆和金属砂浆在 120～144h 内的抗冲磨强度分别降低了 46.94%和 27.60%，说明冻融作用使砂浆更易遭受冲磨破坏，使得砂浆抗冲磨强度快速下降。冻融循环下，砂浆的表层强度被削弱，使得砂浆表层在冲磨作用下被快速磨蚀，进而又为水分进入砂浆内部提供了便利，又使砂浆更容易遭受冻融损伤，加剧了砂浆的破坏。

7.1.4　抗压强度变化

表 7-3 和表 7-4 分别为 EVA 砂浆和金属砂浆在冻融与冲磨作用下的抗压强度测试结果。为了更直观地反映砂浆抗压强度演化规律，绘制了砂浆抗压强度随冻融次数或冲磨时间变化的关系图，如图 7-11 所示。

表 7-3　　EVA 砂浆在冻融与冲磨作用下的抗压强度

冻融次数/次/冲磨时间/h	试验条件	破坏荷载/kN	受力面积/mm^2	抗压强度/MPa	强度损失率/%
0	冻融	90.32	1600	56.45	0.00
	冲磨	100.16	1600	62.60	0.00
	交替	96.96	1600	60.60	0.00
25/24	冻融	89.30	1600	55.81	1.13
	冲磨	96.25	1520	63.32	−1.15
	交替	90.25	1500	60.17	0.72
50/48	冻融	88.28	1600	55.17	2.26
	冲磨	95.82	1500	63.88	−2.04
	交替	86.95	1480	58.75	3.05
75/72	冻融	85.65	1600	53.53	5.17
	冲磨	89.75	1440	62.33	0.44
	交替	81.80	1440	56.81	6.26
100/96	冻融	81.55	1600	50.97	9.71
	冲磨	84.70	1400	60.50	3.35
	交替	74.40	1400	53.14	12.31
125/120	冻融	78.90	1600	49.31	12.64
	冲磨	81.30	1380	58.91	5.89
	交替	66.20	1360	48.68	19.68
150/144	冻融	74.75	1600	46.72	17.24
	冲磨	78.15	1340	58.32	6.84
	交替	56.65	1300	43.58	28.09

表 7-4　　金属砂浆在冻融与冲磨作用下的抗压强度

冻融次数/次/冲磨时间/h	试验条件	破坏荷载/kN	受力面积/mm^2	抗压强度/MPa	强度损失率/%
0	冻融	164.6	1600	102.88	0
	冲磨	163.73	1600	102.33	0
	交替	166.5	1600	104.06	0
25/24	冻融	162.4	1600	101.5	1.34
	冲磨	162.5	1580	102.85	−0.51
	交替	163.5	1580	103.48	0.56
50/48	冻融	160.9	1600	100.56	2.25
	冲磨	158.15	1520	104.05	−1.68
	交替	155.8	1520	102.5	1.5
75/72	冻融	159.1	1600	99.44	3.35
	冲磨	152.5	1500	101.67	0.65
	交替	149.15	1480	100.78	3.15
100/96	冻融	156.16	1600	97.6	5.13
	冲磨	147.1	1460	100.75	1.54
	交替	140.9	1440	97.85	5.97
125/120	冻融	152.84	1600	95.53	7.15
	冲磨	141.74	1420	99.82	2.46
	交替	132.5	1400	94.64	9.05
150/144	冻融	149.55	1600	93.47	9.15
	冲磨	137.05	1400	97.89	4.34
	交替	124.5	1360	91.54	12.03

由图 7-11 可以看出，单一冻融作用、单一冲磨作用以及冻融与冲磨交替作用下砂浆抗压强度损失率的大小关系为：交替>冻融>冲磨。说明冻融与冲磨交替作用对砂浆抗压强度的侵蚀性最强，单一冻融作用次之，单一冲磨作用最弱。

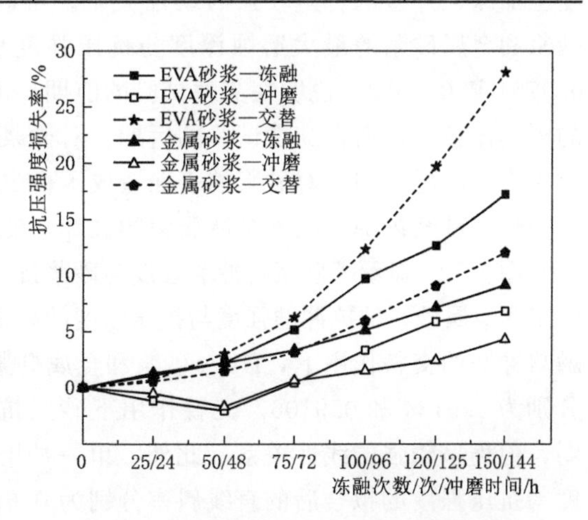

图 7-11　修复砂浆在冻融与冲磨作用下的抗压强度

单一冻融作用下，从试验开始到 50 次冻融循环，砂浆抗压强度损失率的增长速度较慢，50 次冻融循环时，EVA 砂浆和金属砂浆的抗压强度损失率分别为 2.26%、2.25%；从 50 次到 150 次冻融循环，砂浆抗压强度损失率加快，150 次冻融循环时，EVA 砂浆和金属砂浆的抗压强度损失率达到了

17.24%、9.15%。

在单一冲磨作用下，砂浆的抗压强度变化可以分为两个阶段。在第一阶段，从试验开始到冲磨 48h，砂浆的抗压强度有所增长，EVA 砂浆和金属砂浆的抗压强度分别增长了 2.04%、1.68%；在第二阶段，冲磨时间 48～144h，砂浆抗压强度随冲磨时间的增加不断下降，冲磨时间达到 144h 时，EVA 砂浆和金属砂浆的抗压强度分别下降了 6.84%、4.34%。原因可能是试验开始前，砂浆内部胶凝材料没有完全水化，而冲磨试验是在水下进行的，冲磨过程中砂浆内水化反应还在进行，砂浆强度略有升高；随冲磨时间不断增加，水流携推移质对砂浆不断地冲击、磨蚀，导致砂浆内部结构受到一定的损伤，进而使得砂浆抗压强度下降。

在冻融与冲磨的交替作用下，随着交替试验次数的增加，砂浆抗压强度损失率的增长速度加快。在经历 150 次冻融循环、144h 的冲磨后，EVA 砂浆的抗压强度损失率为 28.09%，分别为单一冻融和单一冲磨作用下的 4.1 倍和 1.6 倍；金属砂浆的抗压强度损失率 12.03%，分别为单一冻融和单一冲磨作用下的 2.7 倍和 1.3 倍。对 EVA 砂浆来讲，冻融与冲磨的交替作用造成的抗压强度损失超过了单一冻融和单一冲磨作用下抗压强度损失的总和，而对金属砂浆来讲，冻融与冲磨的交替作用造成的抗压强度损失小于单一冻融和单一冲磨作用下抗压强度损失的总和。说明冻融与冲磨的耦合作用对砂浆内部结构产生了更严重的损伤。因为冻融循环作用促进了冲磨作用，冻融循环下因结冰压力而导致砂浆结构变得疏松，更易被冲蚀剥落；冲磨作用同样也促进了冻融作用，砂浆的表层被冲磨后导致水更容易进入砂浆内部，诱发更严重的冻融损伤。冻融与冲磨作用互相促进，导致砂浆抗压强度快速下降。

7.1.5　抗压强度与抗冲磨性能的关系

图 7 - 12 显示了冲磨造成的最大磨蚀损伤深度与砂浆抗压强度之间的关系。在单一冲磨作用下，EVA 砂浆和金属砂浆的最大磨蚀深度与抗压强度的相关性系数 R^2 分别为 0.8295 和 0.8383。随冲磨时间增加，EVA 砂浆和金属砂浆的抗压强度下降，最大磨蚀深度也加深，并且两者呈较强的线性关系。可以看到，在冻融与冲磨的交替作用下，EVA 砂浆和金属砂浆的最大磨蚀深度与抗压强度呈二次多项式关系，相关性系数 R^2 分别为 0.9754 和 0.9923。说明在交替试验的前期，冻融与冲磨的交替作用对砂浆最大磨蚀深度的影响比较大，而在交替试验的后期，对砂浆抗压强度的影响较大。原因是在起初的交替作用下，冻融作用仅对砂浆的表面造成了一定损伤，随交替作用的进行，冻融作用导致累积损伤，砂浆内部也收到结冰压力的破坏，使砂浆的抗压强度快速下降。

图 7 - 13 显示了砂浆抗冲磨强度与砂浆抗压强度之间的关系。在单一冲磨作用下，EVA 砂浆和金属砂浆的抗冲磨强度与抗压强度的相关性系数 R^2 分别为 0.9467 和 0.9452；在冻融与冲磨的交替作用下，EVA 砂浆和金属砂浆的抗冲磨强度与抗压强度的相关性系数 R^2 分别为 0.9134 和 0.9106。交替作用下砂浆抗压强度与抗冲磨强度之间的相关性有所减弱，但仍呈较强的线性关系。此外，单一冲磨作用下，EVA 砂浆和金属砂浆的抗冲磨强度与抗压强度的拟合后的直线斜率分别为 0.6824 和 0.7213，而在交替作用下的斜率分别为 0.3898 和 0.3875。说明在单一冲磨作用下，砂浆的抗压强度变化对抗冲磨强度的影响较大，而在交替作用下，这种影响减弱。

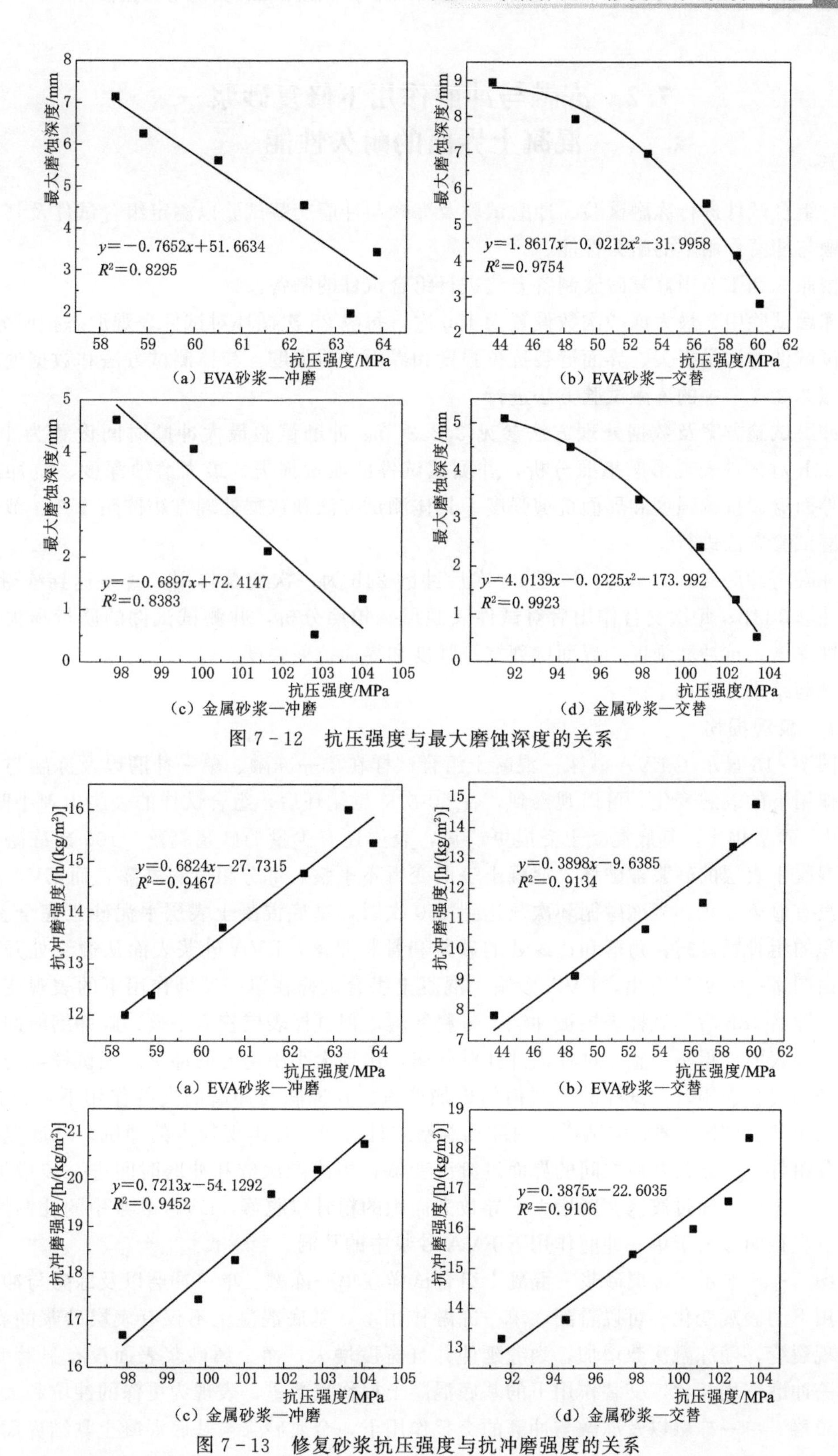

(a) EVA砂浆—冲磨　(b) EVA砂浆—交替

(c) 金属砂浆—冲磨　(d) 金属砂浆—交替

图 7-12　抗压强度与最大磨蚀深度的关系

(a) EVA砂浆—冲磨　(b) EVA砂浆—交替

(c) 金属砂浆—冲磨　(d) 金属砂浆—交替

图 7-13　修复砂浆抗压强度与抗冲磨强度的关系

7.2　冻融与冲磨作用下修复砂浆—混凝土界面的耐久性能

对组合试件进行冻融试验、冲磨试验及冻融与冲磨交替试验以测定组合试件及其界面在冻融与冲磨作用下的耐久性能。

按照3.2.1节中修复砂浆制备方法进行组合试件的制备。

冻融试验中，最大冻融次数设置为150次，每隔25次循环对试件表观形态拍照分析，并测试试件的质量损失、界面劈裂抗拉强度和界面抗剪强度，具体测试方法和数据处理方法按照3.2.3节中的冻融试验方法进行。

冲磨试验方案及数据处理方法参见3.2.2节。冲磨试验最大冲磨时间设置为144h，每隔24h对试件表观形态拍照分析，并测试试件的质量损失、最大磨蚀深度、抗冲磨强度、界面劈裂抗拉强度和界面抗剪强度。具体测试方法和数据处理方法按照3.2.4节中的抗冲磨试验方法进行。

冻融与冲磨交替方案为：冻融25次后冲磨24h为一次交替作用，直至达到冻融150次、冲磨144h；每次交替作用后对试件表观形态拍照分析，并测试试件的质量损失、最大磨蚀深度、抗冲磨强度、界面劈裂抗拉强度和界面抗剪强度。

试验结果分析如下。

7.2.1　表观损伤

图7-16显示了EVA砂浆—混凝土组合试样在单一冻融、单一冲磨以及冻融与冲磨交替作用下的表观变化。可以观察到，在50次冻融循环后，组合试样的表层出现小凹坑，与EVA砂浆相比，基底混凝土受损更严重，表层还有少量的砂浆剥落。100次冻融循环后，混凝土表层的砂浆被破坏，混凝土表面变得不平整，部分粗骨料暴露，而EVA砂浆表面没有显著变化。当冻融循环次数达到150次时，基底混凝土表层水泥砂浆完全剥落，大面积的粗骨料暴露，角落和边缘处的砂浆和骨料脱落，EVA砂浆表面从边缘处开始剥落。由图7-14可以看出，EVA砂浆—混凝土组合试样在单一冲磨作用下的表观变化过程为：冲磨48h后，试样表层被冲蚀，骨料暴露，但试样表层较为平整；随冲磨时间的增加，试样表面变得不平整，试样内部孔洞暴露，出现大小不均匀的冲坑。当试样经历冻融与冲磨的交替作用时，试样的表观损伤更加严重。在冻融与冲磨的交替作用下，经过50次冻融循环、48h冲磨后的试样，内部孔洞暴露且表面已经出现较大的冲坑，基底混凝土中部分粗骨料与砂浆基质之间的界面过渡区变宽；当冻融次数和冲磨时间进一步增加时，基底混凝土中界面过渡区宽度增大，导致大面积的粗骨料脱落，EVA砂浆中的孔洞增多，且孔洞直径明显大于单一冲磨作用下EVA砂浆中的孔洞。

图7-15显示了金属砂浆—混凝土组合试样在单一冻融、单一冲磨以及冻融与冲磨交替作用下的表观变化。可以看到，单一冻融作用下，基底混凝土不仅有表层砂浆的剥落，还出现裂缝，随冻融次数增加，裂缝延伸并且宽度增大，而金属砂浆表面没有显著变化。与单一冲磨作用相比，交替作用下的基底混凝土损伤更严重，表现为更深的冲坑和大量的骨料脱落。单一冻融以及冻融与冲磨的交替作用下，金属砂浆与基底混凝土黏结界面的宽

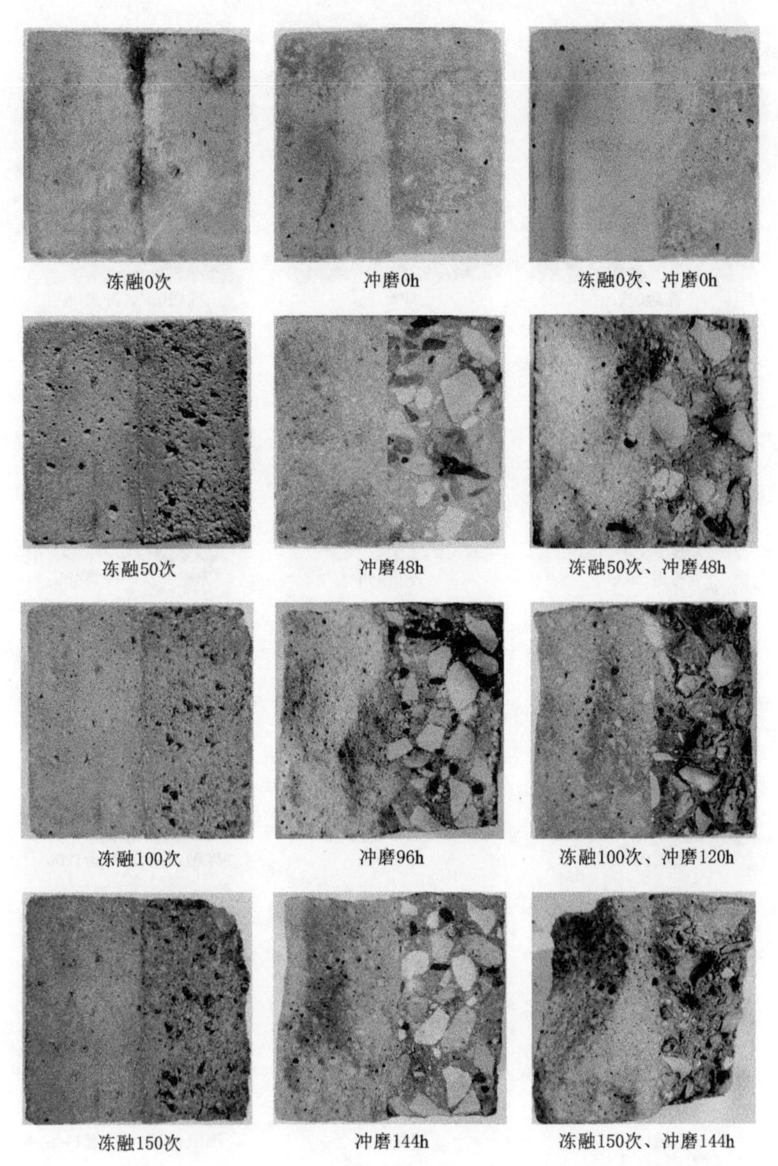

图 7-14　EVA 砂浆—混凝土组合试样在冻融与冲磨作用下的表观变化

度增大，说明冻融作用对金属砂浆与基底混凝土的界面产生了显著影响。

由图 7-14 和图 7-15 可以看出，在冲磨作用下，磨损往往首先发生在试样表面上的孔洞等薄弱位置，这些薄弱位置首先出现小冲坑，随冲磨时间增加，磨损由小冲坑向周围发展。由于小冲坑承受了大部分推移质的冲击能量，导致冲坑不断加深和扩大，而冻融与冲磨的耦合作用加快了损伤过程。

图 7-16 为砂浆—混凝土组合试样在单一冲磨及冻融冲磨交替作用下的最大磨蚀深度。总体上看，EVA 砂浆、金属砂浆、基底混凝土的最大磨蚀深度大小关系为：基底混凝土＞EVA 砂浆＞金属砂浆。单一冲磨作用下，冲磨时间达到 144h 时，基底混凝土、EVA 砂浆和金属砂浆的最大磨蚀深度分别为 29.5mm、24.8mm、8.8mm。而冻融与冲

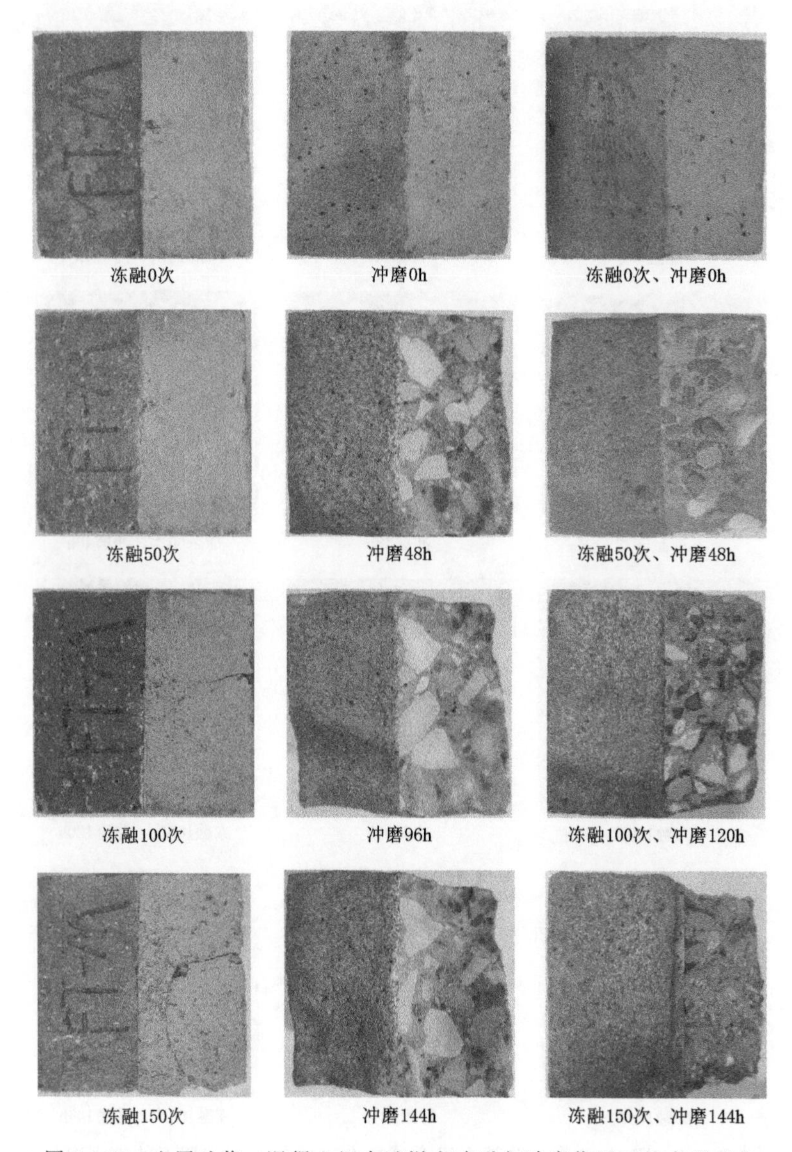

图7-15　金属砂浆—混凝土组合试样在冻融与冲磨作用下的表观变化

磨交替作用下，冲磨时间达到144h时，基底混凝土、EVA砂浆和金属砂浆的最大磨蚀深度分别为41.1mm、32.3mm、11.2mm，分别为单一冲磨作用下的1.39倍、1.30倍和1.27倍，说明冻融作用削弱了材料的抗冲磨性能。由图7-16可知，EVA砂浆试样和金属砂浆试样在单一冲磨144h后，最大磨蚀深度分别为7.1mm和4.6mm；在冻融与冲磨交替作用下，冲磨时间达到144h时，最大磨蚀深度分别为8.9mm和5.1mm，砂浆试样的最大磨蚀深度远小于组合试样中砂浆的磨蚀深度。

图7-17反映了组合试样最大磨蚀深度增长速度与冲磨时间段的关系。总体上看，基底混凝土、EVA砂浆、金属砂浆的最大磨蚀深度增长速度分别表现为不断下降、先上升后下降、缓慢增长的趋势。在最初的48h冲磨时间内，由于基底混凝土强度较低，抗冲磨

性能较差，导致基底混凝土最大磨蚀深度增长速度较快。基底混凝土最早出现冲坑，加快了后续冲磨过程中修复砂浆最大磨蚀深度的增长。

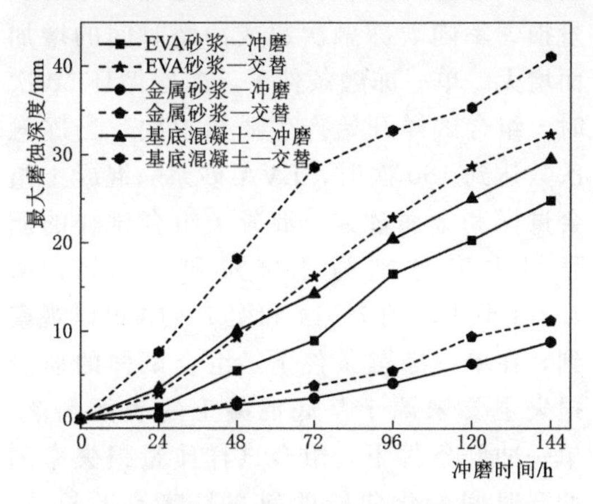

图 7-15 修复砂浆—混凝土试样在冻融与冲磨作用下的最大磨蚀深度

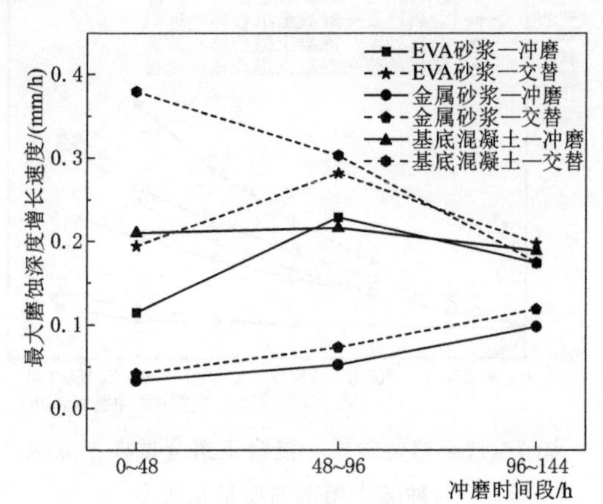

图 7-16 试样最大磨蚀深度与冲磨时间段的关系

7.2.2 质量损失

表 7-5 总结了 EVA 砂浆—混凝土组合试样和金属砂浆—混凝土组合试样在单一冻融、单一冲磨以及冻融冲磨交替作用下的质量损失率。根据表中数据绘制了修复砂浆在冻融与冲磨作用下的质量损失率的曲线图，如图 7-17 所示。

表 7-5 修复砂浆—混凝土组合试样在冻融与冲磨作用下的质量损失率

试样名称	冻融次数/次；冲磨时间/h	质量损失率/%		
		冻融	冲磨	交替
EVA 砂浆—混凝土组合体	0	0.00	0.00	0.00
	25/24	0.00	1.92	2.51
	50/48	0.09	3.93	5.33
	75/72	0.27	6.09	8.61
	100/96	0.35	8.52	12.64
	125/120	0.62	11.36	18.24
	150/144	1.55	14.77	28.91
金属砂浆—混凝土组合体	0	0.00	0.00	0.00
	25/24	0.00	1.25	1.31
	50/48	0.07	2.56	2.82
	75/72	0.24	3.98	4.62
	100/96	0.64	5.53	6.93
	125/120	1.56	7.28	10.17
	150/144	2.82	9.43	15.78

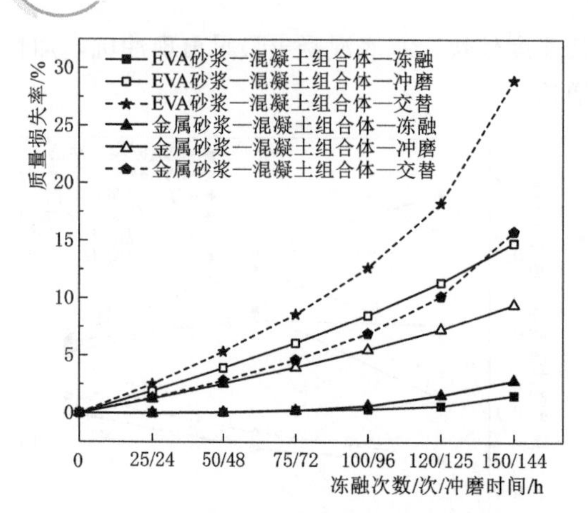

图 7-17　修复砂浆—混凝土组合试样在冻融与冲磨作用下的质量损失率

从表 7-5 和图 7-17 中可以看出，不同侵蚀条件下砂浆—混凝土组合试样的质量损失率随着冻融次数或冲磨时间的增加而增大。单一冻融条件下，冻融循环 50 次时，组合试样开始产生质量损失，当冻融次数达到 150 次时，EVA 砂浆—混凝土组合试样和金属砂浆—混凝土组合试样的质量损失率分别为 1.55% 和 2.82%。由 7.2.1 节中的图 7-14 和图 7-15 可以观察到，在单一冻融条件下，组合试样的质量损失主要来源于基底混凝土的表面剥落。单一冲磨条件下，组合试样质量损失率随冲磨时间变化曲线的斜率是略有增长的，说明随着冲磨时间的增加，组合试样质量损失得越快。当冲磨时间达到 144h 时，EVA 砂浆—混凝土组合试样和金属砂浆—混凝土组合试样的质量损失率分别为 14.77% 和 9.43%。而当试样处于冻融与冲磨交替的试验条件下时，组合试样的质量损失增大，当冻融次数达到 150 次且冲磨时间达到 144h 时，EVA 砂浆—混凝土组合试样和金属砂浆—混凝土组合试样的质量损失率分别达到了 28.91% 和 15.78%，分别为单一冲磨作用下的 1.95 倍和 1.47 倍。与单一冲磨作用下的变化曲线相比，交替作用下组合试样的质量损失率随冲磨时间变化曲线的斜率增长速度更快，当冻融循环次数超过 125 次，冲磨时间超过 120h 时，曲线斜率明显大幅增大。说明经过冻融循环后的试样更容易被磨蚀，而且随着冻融循环次数和冲磨时间的增加，试样的抗磨性不断下降。因为冻融循环导致的微裂缝的发展和连通性日益损坏试样的内部结构，造成了试样的累计损伤[19]。冻融后的试样表面剥落并被冲磨，形成了一些微裂缝，甚至使基底混凝土的界面过渡区变宽，为水渗透进入试样内部提供了通道，又进一步加剧了冻融损伤。

7.2.3　抗冲磨强度变化

表 7-6 和表 7-7 分别为 EVA 砂浆—混凝土组合试样和金属砂浆—混凝土组合试样在单一冲磨以及冻融与冲磨交替作用下的抗冲磨强度。根据表 7-6 和表 7-7 绘制了组合试样在不同冲磨时间段内的抗冲磨强度变化曲线，如图 7-18 所示。

表 7-6　　EVA 砂浆—混凝土组合试样的抗冲磨强度

冲磨时间/h	试验条件	抗冲磨强度/[h/(kg/m²)]	抗冲磨强度损失率/%
24	冲磨	5.58	0.00
	交替	4.29	0.00
48	冲磨	5.33	4.42
	交替	3.81	11.20
72	冲磨	4.95	11.32
	交替	3.29	23.36

续表

冲磨时间/h	试验条件	抗冲磨强度/[h/(kg/m²)]	抗冲磨强度损失率/%
96	冲磨	4.40	21.08
	交替	2.67	37.84
120	冲磨	3.78	32.27
	交替	1.92	55.24
144	冲磨	3.14	43.78
	交替	1.01	93.17

表 7-7　金属砂浆—混凝土组合试样的抗冲磨强度

冲磨时间/h	试验条件	抗冲磨强度/[h/(kg/m²)]	抗冲磨强度损失率/%
24	冲磨	6.49	0.00
	交替	5.85	0.00
48	冲磨	6.15	5.18
	交替	5.11	12.71
72	冲磨	5.71	11.95
	交替	4.29	26.74
96	冲磨	5.22	19.61
	交替	3.33	43.02
120	冲磨	4.62	28.88
	交替	2.38	59.38
144	冲磨	3.75	42.22
	交替	1.37	76.56

由表 7-6、表 7-7 和图 7-18 可以看出，试样在单一冲磨、冻融与冲磨交替作用下的抗冲磨强度随着冲磨时间的增加而下降，而交替作用下的下降幅度更明显。

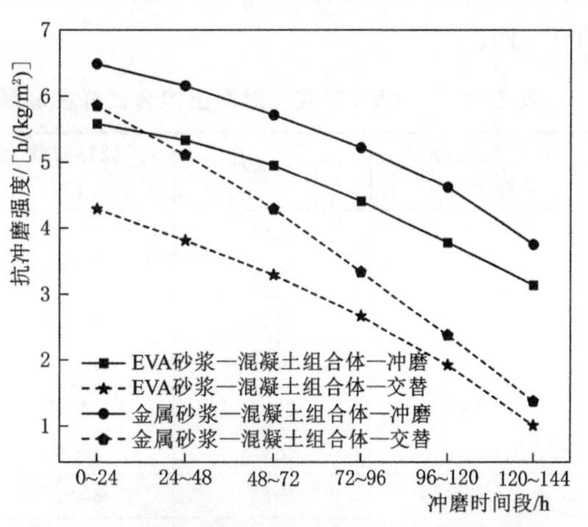

图 7-18　修复砂浆—混凝土组合试样的抗冲磨强度变化曲线图

单一冲磨作用下，在 0～24h、24～48h、48～72h、72～96h、96～120h、120～144h 的冲磨时间段内，EVA 砂浆—混凝土组合试样的抗冲磨强度分别为 5.58h/(kg/m²)、5.33h/(kg/m²)、4.95h/(kg/m²)、4.40h/(kg/m²)、3.78h/(kg/m²) 和 3.14h/(kg/m²)，与 0～24h 相比，各时间段内的抗冲磨强度分别下降了 4.42%、11.32%、21.08%、32.27% 和 43.78%；对金属砂浆—混凝土组合试样来说，抗冲磨强度随冲磨时间的变化有类似的规律，相较于 0～24h，各时间段内的抗冲磨强度分别下降了 5.18%、11.95%、19.61%、28.88%和

42.22%。试验结果说明，水流携带推移质的冲磨会使试样抗冲磨强度降低，原因可能有两点：一是随冲磨时间增加，试样表面的平整度不断降低，更易被磨蚀；二是水流中推移质的冲击作用损伤了试样内部结构，随冲磨时间增加，内部损伤累积。

冻融与冲磨交替作用下，在0～24h、24～48h、48～72h、72～96h、96～120h、120～144h的冲磨时间段内，EVA砂浆—混凝土组合试样的抗冲磨强度分别为4.29h/(kg/m^2)、3.81h/(kg/m^2)、3.29h/(kg/m^2)、2.67h/(kg/m^2)、1.92h/(kg/m^2)和1.01h/(kg/m^2)，与0～24h相比，各时间段内的抗冲磨强度分别下降了11.20%、23.36%、37.84%、55.24%和93.17%；在0～24h、24～48h、48～72h、72～96h、96～120h、120～144h的冲磨时间段内，金属砂浆—混凝土组合试样的抗冲磨强度分别为5.85h/(kg/m^2)、5.11h/(kg/m^2)、4.29h/(kg/m^2)、3.33h/(kg/m^2)、2.38h/(kg/m^2)和1.37h/(kg/m^2)，与0～24h相比，各时间段内的抗冲磨强度损失率分别达到了12.71%、26.74%、43.02%、59.38%和76.56%。试验结果表明，经过冻融循环后的试样，其抗冲磨强度明显降低，与单一冲磨作用相比，120～144h时间段内，EVA砂浆—混凝土组合试样和金属砂浆—混凝土组合试样的抗冲磨强度损失率分别增大了112.8%和81.34%。冻融作用首先会导致试样表面的松散，进而引发内部结构损伤，与冲磨作用耦合后，造成了更严重的表面磨蚀，使试样抗冲磨强度快速下降。与EVA砂浆—混凝土组合试样相比，金属—混凝土组合试样不仅具有更高的抗冲磨强度，而且也具有更强的抵抗冻融与冲磨交替作用的能力。

7.2.4　界面劈裂抗拉强度变化

依据7.1节中冻融试验方法和抗冲磨试验方法，分别测试了EVA砂浆和金属砂浆在单一冻融、单一冲磨以及冻融与冲磨交替作用下修复砂浆—混凝土组合试样的耐久性能，并根据7.1节中界面劈裂抗拉强度测试方法进行试验，试验结果见表7-8、表7-9和图7-19。

表7-8　EVA砂浆—混凝土组合试样在冻融与冲磨作用下的界面劈裂抗拉强度

冻融次数/次/冲磨时间/h	试验条件	破坏荷载/kN	受力面积/mm^2	劈裂抗拉强度/MPa	强度损失率/%
0	冻融	36.50	10000	2.33	0.00
	冲磨	32.94	10000	2.10	0.00
	交替	35.40	10000	2.25	0.00
25/24	冻融	33.94	10000	2.16	7.21
	冲磨	32.47	9800	2.11	−0.50
	交替	32.85	9800	2.14	5.10
50/48	冻融	30.05	10000	1.91	17.85
	冲磨	31.65	9800	2.06	2.04
	交替	27.55	9500	1.85	17.90
75/72	冻融	28.06	10000	1.79	23.29
	冲磨	28.95	9500	1.94	7.56
	交替	15.30	9000	1.08	51.87

续表

冻融次数/次/冲磨时间/h	试验条件	破坏荷载/kN	受力面积/mm^2	劈裂抗拉强度/MPa	强度损失率/%
100/96	冻融	24.50	10000	1.56	33.02
	冲磨	26.70	9200	1.85	11.97
	交替	10.35	8300	0.79	64.70
125/120	冻融	18.45	10000	1.18	49.56
	冲磨	24.25	8800	1.76	16.41
	交替	6.90	7900	0.56	75.27
150/144	冻融	13.90	10000	0.89	62.00
	冲磨	21.30	8100	1.68	20.23
	交替	4.60	7200	0.41	81.91

表 7-9　金属砂浆—混凝土组合试样在冻融与冲磨作用下的界面劈裂抗拉强度

冻融次数/冲磨时间/h	试验条件	破坏荷载/kN	受力面积/mm^2	劈裂抗拉强度/MPa	强度损失率/%
0	冻融	30.70	10000	1.96	0.00
	冲磨	28.60	10000	1.82	0.00
	交替	34.05	10000	2.17	0.00
25/24	冻融	29.05	10000	1.85	5.59
	冲磨	26.45	9800	1.72	5.54
	交替	31.25	9800	2.03	6.39
50/48	冻融	26.30	10000	1.68	14.53
	冲磨	25.30	9800	1.64	9.64
	交替	27.25	9600	1.81	16.68
75/72	冻融	22.25	10000	1.42	27.69
	冲磨	23.70	9700	1.56	14.48
	交替	22.20	9200	1.54	29.17
100/96	冻融	18.60	10000	1.18	39.55
	冲磨	20.90	9700	1.37	24.59
	交替	17.85	8800	1.29	40.46
125/120	冻融	17.25	10000	1.10	43.94
	冲磨	17.80	9300	1.22	33.01
	交替	14.12	8700	1.03	52.36
150144	冻融	15.20	10000	0.97	50.60
	冲磨	14.85	8900	1.06	41.60
	交替	9.75	8500	0.73	66.33

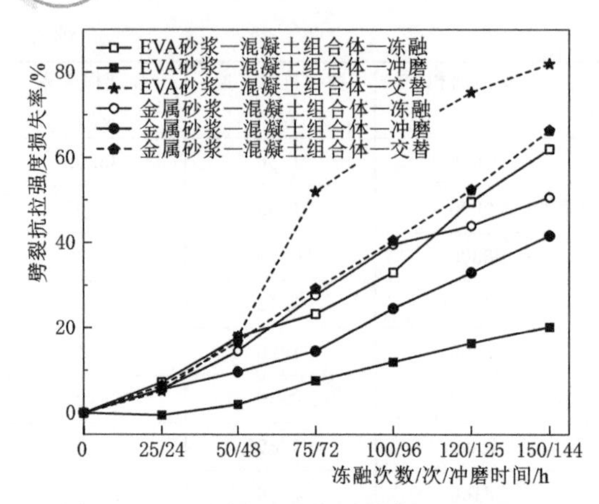

图 7-19　试样在冻融与冲磨作用下的界面劈裂抗拉强度损失率

为了更好地比较三种侵蚀条件对修复砂浆—混凝土组合试样界面劈拉抗拉强度的影响规律，根据表 7-8 和表 7-9 绘制了组合试样在冻融与冲磨作用下的界面劈裂抗拉强度损失率的曲线图，如图 7-19 所示。

由表 7-8、表 7-9 和图 7-19 可以看出：

在单一冻融作用下，组合试样的劈裂抗拉强度损失率随冻融次数的增加而增加，在冻融次数为 25 次、50 次、75 次、100 次、125 次、150 次时，EVA 砂浆—混凝土组合试样的劈裂抗拉强度损失率分别为 7.21%、17.85%、23.29%、33.02%、49.56%、62.00%，金属砂浆—混凝土组合试样的劈裂抗拉强度损失率分别为 5.59%、14.53%、27.69%、39.55%、43.94%、50.06%。在冻融次数小于 50 次时，EVA 砂浆—混凝土组合试样的劈裂抗拉强度损失率高于金属砂浆—混凝土组合试样，冻融次数为 75～100 次时，金属砂浆—混凝土组合试样的劈裂抗拉强度损失率高于 EVA 砂浆—混凝土组合试样，而当冻融循环次数大于 100 次时，EVA 砂浆—混凝土组合试样的劈裂抗拉强度损失率又高于金属砂浆—混凝土组合试样。总体上看，EVA 砂浆—混凝土组合试样更易遭受冻融损伤而使其劈裂抗拉强度降低。

在单一冲磨作用下，组合试样的劈裂抗拉强度损失率随冲磨时间的增加而增加，在冲磨时间为 24h、48h、72h、96h、120h、144h 时，EVA 砂浆—混凝土组合试样的劈裂抗拉强度损失率分别为－0.5%、2.04%、7.56%、11.97%、16.41%、20.23%，金属砂浆—混凝土组合试样的劈裂抗拉强度损失率分别为 5.54%、9.64%、14.48%、24.59%、33.01%、41.60%。对 EVA 砂浆—混凝土组合试样来说，冲磨作用对其界面劈裂抗拉强度的影响远小于冻融作用。而对金属砂浆—混凝土组合试样来说，冲磨作用对其界面劈裂抗拉强度的影响小于冻融作用但差距不大。与 EVA 砂浆—混凝土组合试样相比较，在相同的冲磨时间下，金属砂浆—混凝土组合试样的劈裂抗拉强度损失率更高。

在冻融与冲磨的交替作用下，组合试样的劈裂抗拉强度损失率随冻融次数和冲磨时间的增加而增加，在冲磨时间达到 24h、48h、72h、96h、120h、144h 时，EVA 砂浆—混凝土组合试样的劈裂抗拉强度损失率分别为 5.10%、17.9%、51.87%、64.70%、75.27%、81.91%，金属砂浆—混凝土组合试样的劈裂抗拉强度损失率分别为 6.39%、16.68%、29.17%、40.46%、52.36%、66.33%。冻融次数小于 50 次、冲磨时间小于 48h 时，EVA 砂浆—混凝土组合试样的劈裂抗拉强度损失率增长速度较慢，冻融次数大于 50 次、冲磨时间大于 48h 时，试样的劈裂抗拉强度损失率快速增加，而金属砂浆—混凝土组合试样的劈裂抗拉强度损失率与冻融次数或冲磨时间呈线性关系。冲磨时间小于 48h，EVA 砂浆—混凝土组合试样和金属砂浆—混凝土组合试样的劈裂抗拉强度损失率相接近，但冲磨时间超过 48h 后，EVA 砂浆—混凝土组合试样的劈裂抗拉强度损失率要远高于金属砂浆—混凝土组合试样。总体上讲，冻融与冲磨的交替作用对组合试样劈裂抗拉强度的损伤最严重，单一冻融作用次之，单一冲磨作用最弱。

为了研究冻融与冲磨作用对砂浆—混凝土组合试样界面的损伤过程，分析不同条件下组合试样黏结界面的劈裂破坏形态，将试样的劈裂面的破坏形态分为修复砂浆破坏、基底混凝土破坏和界面滑移破坏，分别以实线圆圈、虚线圆圈和点划线圆圈表示。

如图 7-20 所示，冻融循环次数为 0 次时，劈裂面主要以 EVA 砂浆的断裂为主，也

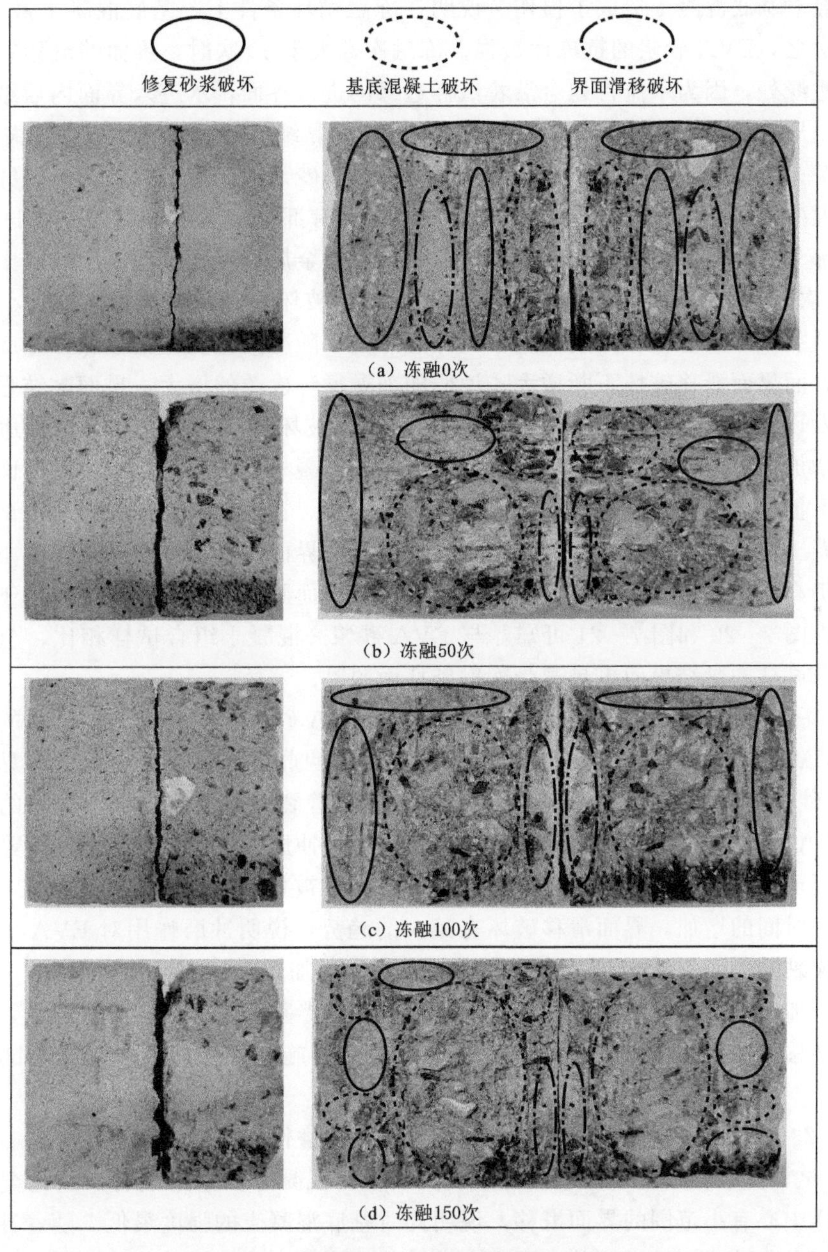

图 7-20　EVA 砂浆—混凝土组合试样在冻融作用下的劈裂破坏形态

有一部分的基底混凝土断裂和一小部分界面滑移破坏，说明此时界面强度>基底混凝土强度>EVA 砂浆强度。随着冻融次数的增加，劈裂破坏面上的基底混凝土增多，EVA 砂浆减少，当冻融循环次数达到 150 次时，劈裂面主要由大面积的基底混凝土和小部分的 EVA 砂浆构成，小部分的界面滑移破坏出现在试样边缘处。可以发现，冻融 0 次时，界面滑移破坏发生在试样中心位置，说明此时试样中心的界面黏结强度小于基底混凝土强度；经过冻融循环后，界面滑移发生在试样边缘，试样中心为混凝土破坏，说明此时冻融循环就已经对基底混凝土造成了损伤。说明在冻融循环条件下，基底混凝土最容易损伤，黏结界面次之，EVA 砂浆的抗冻性最强。冻融次数大于 50 次时，界面的滑移破坏主要出现在试样边缘处，因为水流首先会沿着试样边缘的进入界面，水进入界面内后结冰膨胀产生压力，当压力超过 EVA 砂浆与基底混凝土之间的黏结力时，界面黏结力丧失。

如图 7 - 21 所示，冻融循环次数为 0 次时，金属砂浆—混凝土组合试样的劈裂破坏主要以基底混凝土的拉裂为主，在混凝土切槽两端，有部分金属砂浆断裂，在试样中心位置，有小部分的界面滑移破坏，说明此时界面强度>金属砂浆强度>基底混凝土强度。冻融循环 50 次时，劈裂面中心为大面积的基底混凝土破坏，混凝土切槽上端有小部分部分金属砂浆断裂，界面滑移破坏则发生在试样边缘处。随冻融循环次数增加，基底混凝土的破坏减少，而界面滑移破坏不断增大，说明随冻融循环次数的增大，界面黏结强度不断下降。可以发现，在冻融循环大于 50 次时，界面滑移破坏主要发生在劈裂面的边缘，且随冻融次数增加而扩展，而劈裂面中心位置仍为基底混凝土破坏。说明水流沿界面进入，在冻融作用下损伤界面，使界面脱黏，并沿着界面扩展。在冻融循环 150 次后，试样中心仍为基底混凝土破坏，而试样中心两侧出现了大面积的界面滑移，说明在试样中心处，黏结界面强度仍高于基底混凝土强度，而试样中心两侧界面脱黏，其机械咬合力小于基底混凝土强度。由图 7 - 20 和图 7 - 21 可知，与 EVA 砂浆—混凝土组合试样相比，金属砂浆—混凝土组合试样的黏结界面更易遭受冻融破坏而脱黏。

如图 7 - 22 所示，在冲磨时间小于 48h 时，EVA 砂浆—混凝土组合试样的劈裂破坏主要由 EVA 砂浆的断裂和黏结界面的滑移为主，说明此时基底混凝土强度>黏结界面强度>EVA 砂浆强度。当冲磨时间达到 96h 时，试样劈裂面上可以看到大面积的基底混凝土，而 EVA 砂浆的断裂和界面滑移现象有所减少。冲磨时间达到 144h 时，劈裂面主要由基底混凝土构成，大量的水泥砂浆和一部分粗骨料被拉裂，但仍有少量的 EVA 砂浆断裂。随冲磨时间的增加，界面滑移破坏有减少的趋势，说明冲磨作用对 EVA 砂浆—混凝土组合试样黏结界面的影响不明显。但随冲磨时间增加，EVA 砂浆破坏减少，基底混凝土的破坏增加，说明冲磨作用对基底混凝土的损伤最严重。因为在冲磨过程中，试样要承受水流和推移质的冲击与冲磨，水流携推移质对试样施加冲击荷载，造成了试样的内部损伤。

图 7 - 23 反映了金属砂浆—混凝土组合试样在冲磨作用下的劈裂破坏形态。冲磨时间为 0h 时，试样劈裂面上主要是基底混凝土的断裂，混凝土切槽两端有少量的金属砂浆被拉裂，试样中心有小范围的界面滑移，说明此时基底混凝土的强度最低。随着冲磨时间的增加，界面滑移的范围扩大，基底混凝土破坏的范围缩小，金属砂浆的断裂范围无明显变化。当冲磨时间达到 144h 时，试样中部和边缘出现了大面积的界面滑移，仅在在混凝土

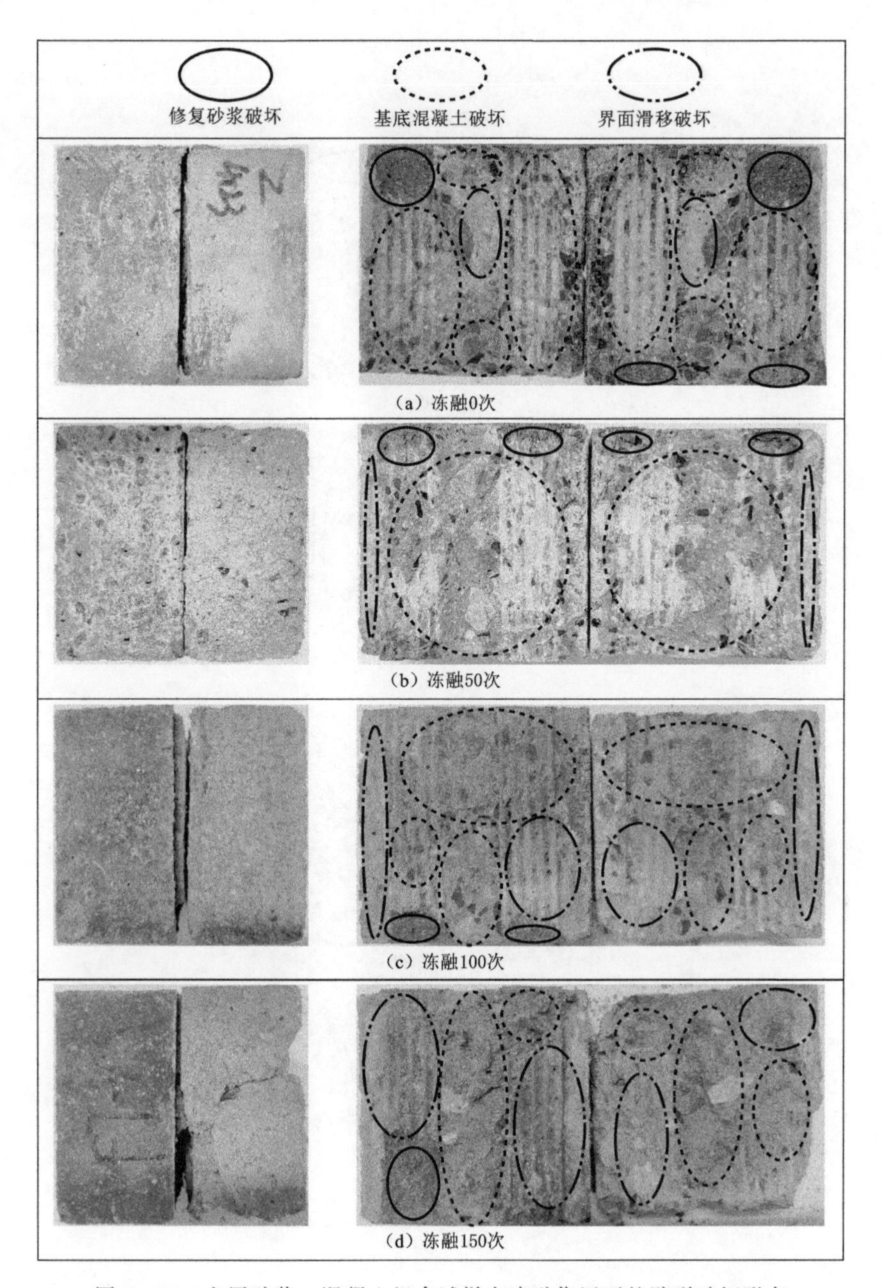

图 7－21　金属砂浆—混凝土组合试样在冻融作用下的劈裂破坏形态

切槽两端有少量的混凝土和砂浆断裂。在冲磨作用下，金属砂浆—混凝土组合试样劈裂抗拉强度减小的原因主要是金属砂浆和基底混凝土黏结界面的脱黏。由图 7－22 和图 7－23 可知，与 EVA 砂浆—混凝土组合试样相比，金属砂浆—混凝土组合试样的黏结界面更易受冲磨作用的影响而发生脱黏。与单一冻融作用相比，冲磨作用下金属砂浆—混凝土组合试样的界面脱黏面积更大。

图 7－24 反映了 EVA 砂浆—混凝土组合试样在冻融与冲磨交替作用下的劈裂破坏形

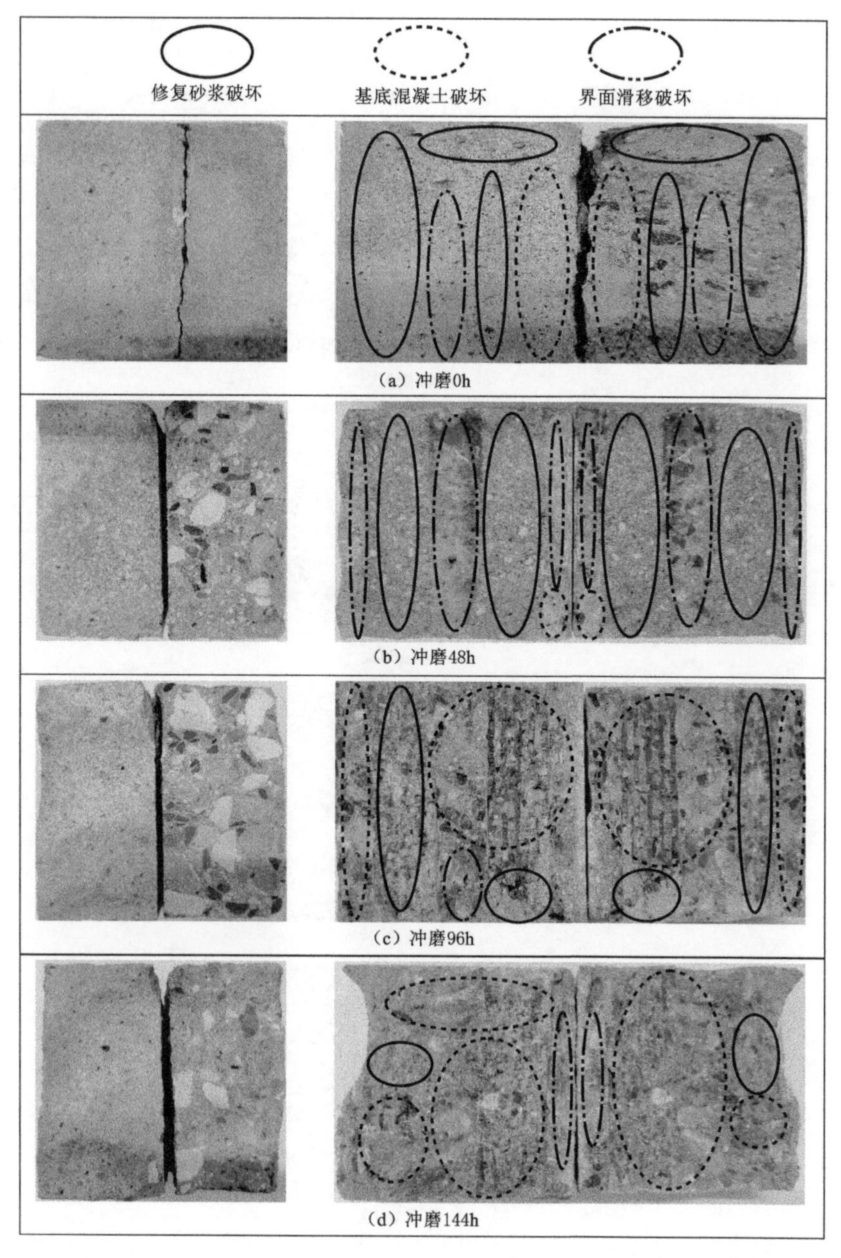

图7-22　EVA砂浆—混凝土组合试样在冲磨作用下的劈裂破坏形态

态。在冻融次数为0次、冲磨时间为0h时，EVA砂浆—混凝土组合试样劈裂面由EVA砂浆、基底混凝土拉裂和界面滑移组成，其中EVA砂浆断裂的面积最大，基底混凝土次之，界面滑移最少。随着冻融次数和冲磨时间的增加，基底混凝土断裂的面积逐渐增大，EVA砂浆断裂的面积逐渐减少，界面滑移破坏也呈减少的趋势。当冻融次数达到150次、冲磨时间达到144h时，试样的劈裂破坏主要为基底混凝土破坏，只有少量的EVA砂浆被拉裂，没有发生界面滑移，此时黏结界面强度＞EVA砂浆强度＞基地混凝土强度。试

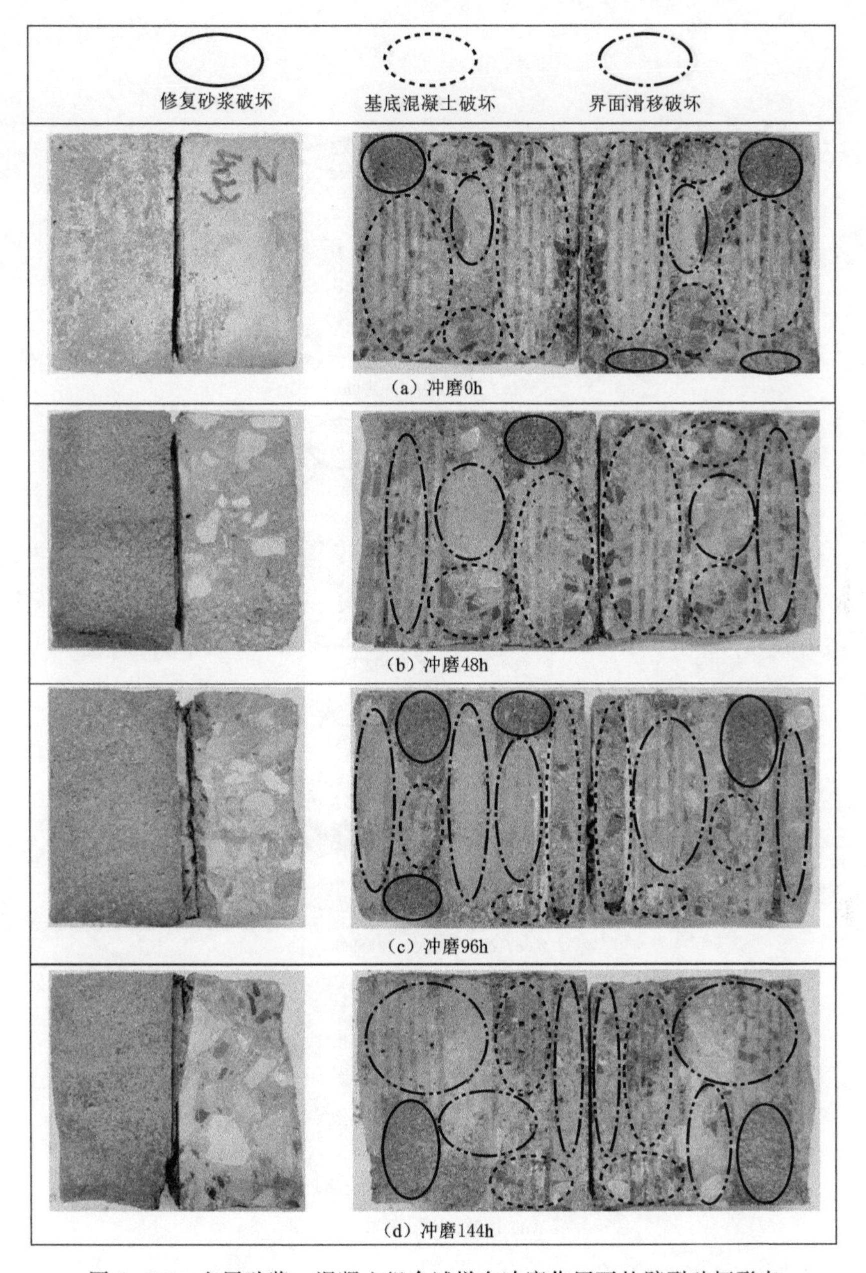

图 7－23　金属砂浆—混凝土组合试样在冲磨作用下的劈裂破坏形态

验结果说明冻融与冲磨的交替作用对基底混凝土的损伤最严重的。这与单一冻融作用下试样劈裂破坏形态的演化规律相似，不同的是，交替作用下基底混凝土的劣化速度更快。

图 7－25 为金属砂浆—混凝土组合试样在冻融与冲磨交替作用下的劈裂破坏形态。可以发现，冻融 0 次、冲磨 0h 时，试样的劈裂破坏主要变现为基底混凝土的破坏。随冻融次数和冲磨时间的增加，混凝土破坏减少，界面滑移破坏增加。在冻融 100 次、冲磨 96h 时，出现了大面积的界面滑移，造成界面脱黏，此时金属砂浆强度＞基底混凝土强度＞黏

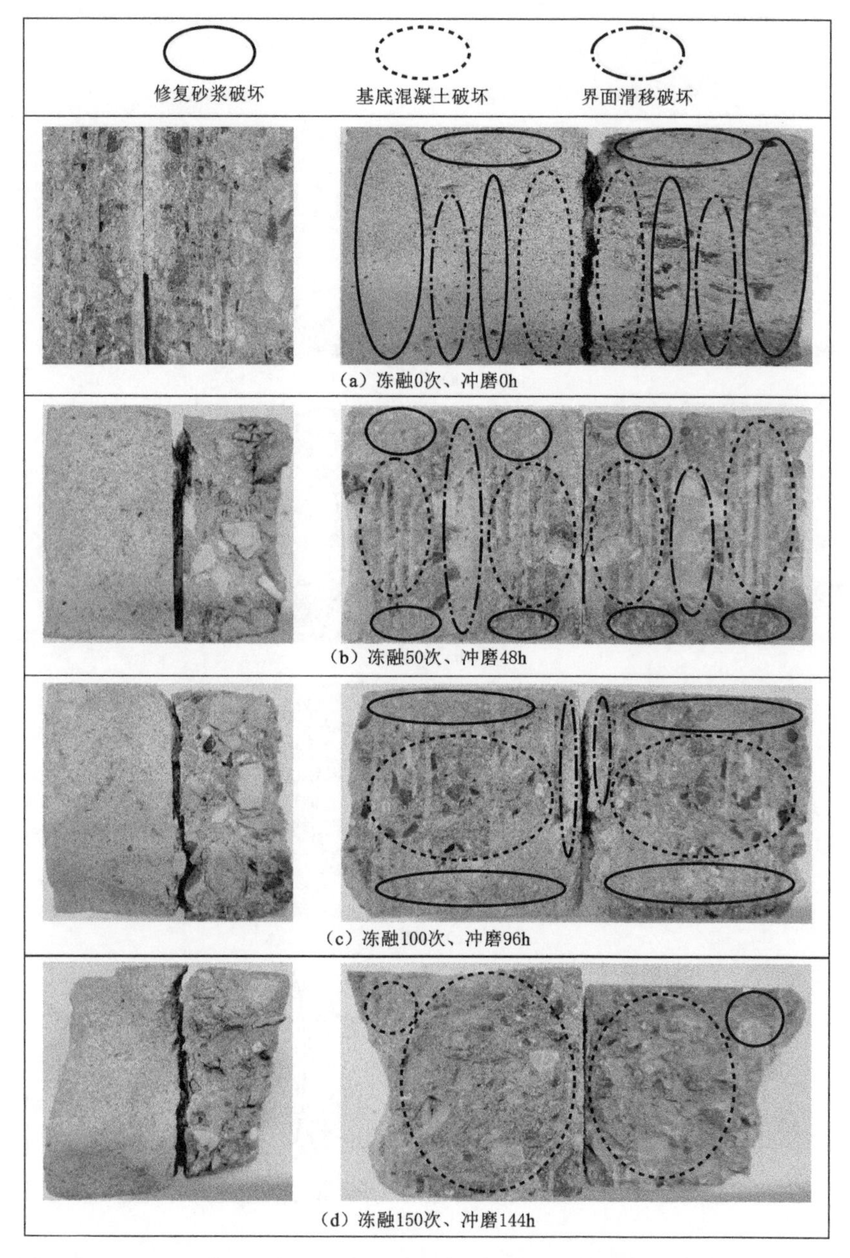

图7-24 EVA砂浆—混凝土组合试样在冻融与冲磨交替作用下的劈裂破坏形态

结界面强度。冻融次数和冲磨时间继续增加时，基底混凝土破坏增加，而界面滑移破坏减少，当冻融循环次数达到150次、冲磨时间达到144h时，金属砂浆—混凝土组合试样劈裂面表现为基底混凝土破坏和界面滑移破坏，其中基底混凝土拉裂的面积较大。在冻融与冲磨的交替作用下，随冻融次数和冲磨时间的增加，界面滑移破坏表现为先增大后减少的规律，基底混凝土破坏表现为先减小后增大的规律。说明在冻融次数和冲磨时间较小时，对试样黏结界面的损伤更明显，导致界面脱黏，只剩砂浆与混凝土之间的机械咬合力。随

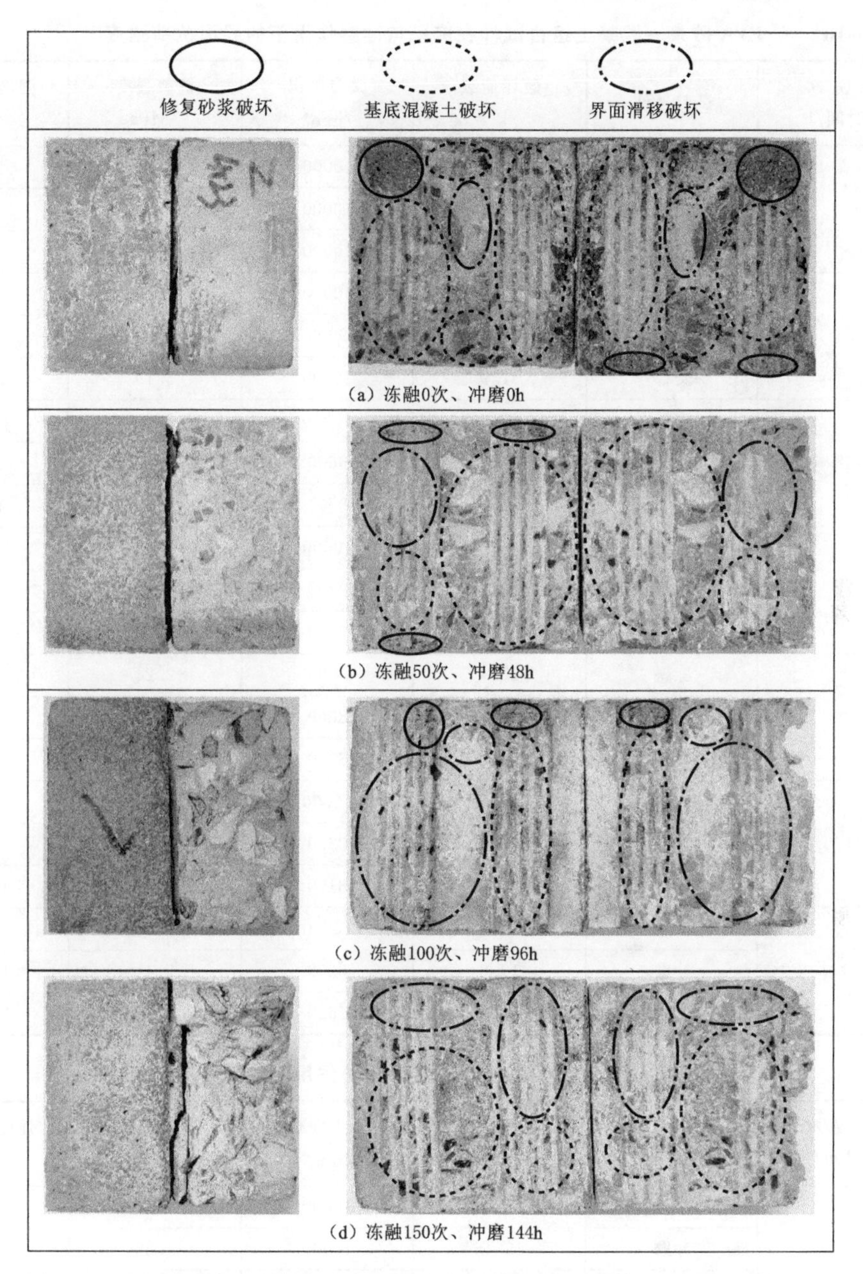

图 7-25　金属砂浆—混凝土组合试样在冻融与冲磨交替作用下的劈裂破坏形态

冻融次数和冲磨时间增加，基底混凝土的强度不断下降，冻融次数和冲磨时间到达一定临界值后，一部分基底混凝土强度已经低于砂浆与混凝土之间的机械咬合力。

7.2.5 界面抗剪强度变化

依据 7.1 节中冻融试验方法和抗冲磨试验方法，分别测试了 EVA 砂浆和金属砂浆在单一冻融、单一冲磨以及冻融、冲磨交替作用下修复砂浆—混凝土组合试样的耐久性能，并根据 7.1 节中界面抗剪强度测试方法进行试验，试验结果见表 7-10、表 7-11 和图 7-26。

表7-10 EVA砂浆—混凝土组合试样在冻融与冲磨作用下的界面抗剪强度

冻融次数/次/冲磨时间/h	试验条件	破坏荷载/kN	受力面积/mm²	抗剪强度/MPa	强度损失率/%
0	冻融	33.7	10000	3.37	0
	冲磨	29.8	10000	2.98	0
	交替	33.75	10000	3.38	0
25/24	冻融	31.65	10000	3.17	6.08
	冲磨	30.25	9900	3.06	−2.54
	交替	31.9	10000	3.19	5.62
50/48	冻融	28.3	10000	2.83	16.02
	冲磨	27.2	9600	2.83	4.92
	交替	27.9	9700	2.88	14.9
75/72	冻融	24.75	10000	2.48	26.56
	冲磨	25.45	9200	2.77	7.17
	交替	21.85	9400	2.32	31.23
100/96	冻融	22.4	10000	2.24	33.53
	冲磨	23.2	8800	2.64	11.53
	交替	18.35	8700	2.11	37.6
125/120	冻融	17.6	10000	1.76	47.77
	冲磨	20.95	8300	2.52	15.3
	交替	14.15	8100	1.75	48.32
150144	冻融	15.85	10000	1.59	52.97
	冲磨	19.8	8200	2.41	18.97
	交替	10.05	7600	1.32	60.88

表7-11 金属砂浆—混凝土组合试样在冻融与冲磨作用下的界面抗剪强度

冻融次数/次/冲磨时间/h	试验条件	破坏荷载/kN	受力面积/mm²	抗剪强度/MPa	强度损失率/%
0	冻融	41.90	10000	4.19	0.00
	冲磨	45.45	10000	4.55	0.00
	交替	43.20	10000	4.32	0.00
25/24	冻融	39.80	10000	3.98	5.01
	冲磨	44.10	10000	4.41	3.08
	交替	40.25	10000	4.03	6.83
50/48	冻融	37.70	10000	3.77	10.12
	冲磨	40.70	9900	4.11	9.65
	交替	37.20	9900	3.76	13.02

续表

冻融次数/次 /冲磨时间/h	试验条件	破坏荷载 /kN	受力面积 /mm²	抗剪强度 /MPa	强度损失率 /%
75/72	冻融	31.75	10000	3.18	24.22
	冲磨	38.50	9900	3.89	14.53
	交替	31.55	9700	3.25	24.71
100/96	冻融	29.55	10000	2.96	29.47
	冲磨	33.30	9700	3.43	24.55
	交替	26.85	9200	2.92	32.44
125/120	冻融	28.40	10000	2.84	32.22
	冲磨	30.45	9500	3.21	29.55
	交替	20.35	8900	2.29	47.07
150/144	冻融	24.30	10000	2.43	42.00
	冲磨	27.45	9100	3.02	33.70
	交替	16.35	8400	1.95	54.94

为了更好地比较三种侵蚀条件对修复砂浆—混凝土组合试样界面抗剪强度的影响规律，根据表 7-10 和表 7-11 绘制了组合试样在冻融与冲磨作用下的界面抗剪强度损失率的曲线图，如图 7-26 所示。

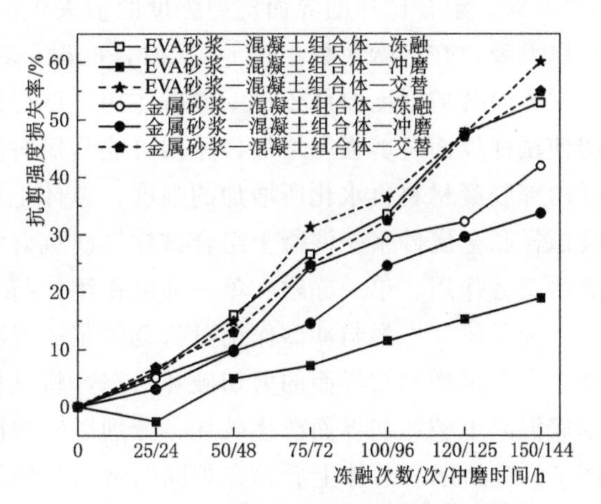

图 7-26　试样在冻融与冲磨作用下的界面抗剪强度损失率

由表 7-10、表 7-11 和图 7-26 可以看出：

在单一冻融作用下，EVA 砂浆—混凝土组合试样和金属砂浆—混凝土组合试样的界面抗剪强度损失率均随冻融次数的增加而增加，在冻融次数为 25 次、50 次、75 次、100 次、125 次、150 次时，EVA 砂浆—混凝土组合试样的抗剪强度损失率分别为 6.08%、16.02%、26.56%、33.53%、47.77%、52.97%，金属砂浆—混凝土组合试样的抗剪强度损失率分别为 5.01%、10.12%、24.22%、29.47%、32.22%、42.00%。在冻融循环次数小于 50 次时，金属砂浆—混凝土组合试样的抗剪强度损失率增长较慢，表明试样内部及界面内缺陷、孔洞等扩展较慢。随着冻融循环次数的增加，试样的界面抗剪强度损伤加快，表明冻融循环产生的累计损伤使组合试样的界面性能快速劣化。而 EVA 砂浆—混凝土组合试样的界面抗剪强度损失率始终以较快的速度增长，与冻融循环次数呈线性关系。是由于修复砂浆与混凝土界面存在大量微裂纹、缺陷和间隙，溶液很容易侵入界面内部，在冻融循环作用下，修复砂浆与基底混凝土黏结界面之间会产生微裂缝，黏结面上化学胶着力和机械咬合力下降，导致界面黏结性能下降。

在单一冲磨作用下，EVA砂浆—混凝土组合试样和金属砂浆—混凝土组合试样的界面抗剪强度损失率均随冲磨时间的增加而增加，在冲磨时间为24h、48h、72h、96h、120h、144h时，EVA砂浆—混凝土组合试样的劈裂抗拉强度损失率分别为－2.54%、4.92%、7.17%、11.53%、15.30%、18.97%，金属砂浆—混凝土组合试样的劈裂抗拉强度损失率分别为3.08%、9.65%、14.53%、24.55%、29.45%、33.70%。组合试样的界面抗剪强度的损失规律与界面劈裂抗拉强度的演化规律基本一致，不同的是，冲磨作用对试样界面抗剪强度的影响小于界面劈裂抗拉强度。值得注意的是，在冲磨24h后，EVA砂浆—混凝土组合试样的界面劈裂抗拉强度和界面抗剪强度均有所增长，这可能是因为EVA砂浆或混凝土内部的胶凝材料水化不充分，而试样在冲磨试验过程中处于饱水状态，水分进入试样内部使胶凝材料发生了水化反应。

在冻融与冲磨的交替作用下，EVA砂浆—混凝土组合试样和金属砂浆—混凝土组合试样的界面抗剪强度损失率均随冻融次数和冲磨时间的增加而增加，在冲磨时间达到24h、48h、72h、96h、120h、144h时，EVA砂浆—混凝土组合试样的抗剪强度损失率分别为5.62%、14.9%、31.23%、37.60%、48.32%、60.88%，金属砂浆—混凝土组合试样的抗剪强度损失率分别为6.83%、13.02%、24.71%、32.44%、47.07%、54.94%。组合试样的界面抗剪强度的损失规律与界面劈裂抗拉强度的演化规律基本一致。可以发现，在冻融次数小于50次时，冻融、冲磨交替作用下的EVA砂浆—混凝土组合试样界面抗剪强度要低于单一冻融作用下试样的界面抗剪强度，这是由于短时间的冲磨作用使试样界面抗剪强度增加，原因可能是短时间的冲磨作用对试样界面造成的损伤小于试样内部胶凝材料再水化所增加的强度。总体上讲，三种侵蚀条件对EVA砂浆—混凝土组合试样和金属砂浆—混凝土组合试样界面抗剪强度的损伤程度由高到低分别为：冻融与冲磨的交替作用、单一冻融、单一冲磨作用，与7.1节的结论一致。

为了研究冻融与冲磨作用对修复砂浆—混凝土组合试样界面的损伤过程，分析不同条件下组合试样黏结界面的剪切破坏形态，将试样的剪切面的破坏形态分为修复砂浆破坏、基底混凝土破坏和界面滑移破坏，分别以实线圈、虚线圈和点划线圈表示，如图7-27～图7-32所示。总体上看，在相同的试验条件下，与劈裂面破坏形态相比，相同试样的剪切破坏面上有更多的界面滑移破坏出现。

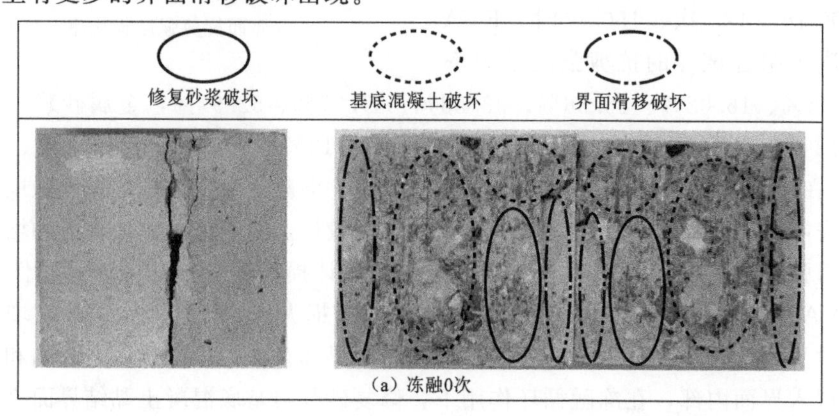

图7-27（一）　EVA砂浆—混凝土组合试样在冻融作用下的剪切破坏形态

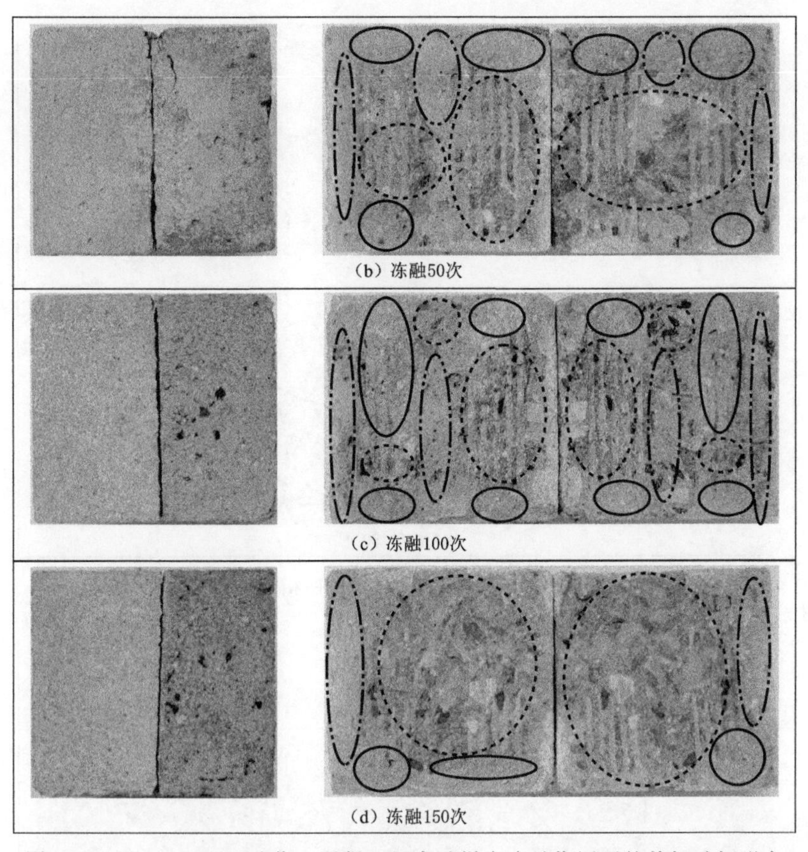
(b) 冻融50次

(c) 冻融100次

(d) 冻融150次

图 7-27（二） EVA砂浆—混凝土组合试样在冻融作用下的剪切破坏形态

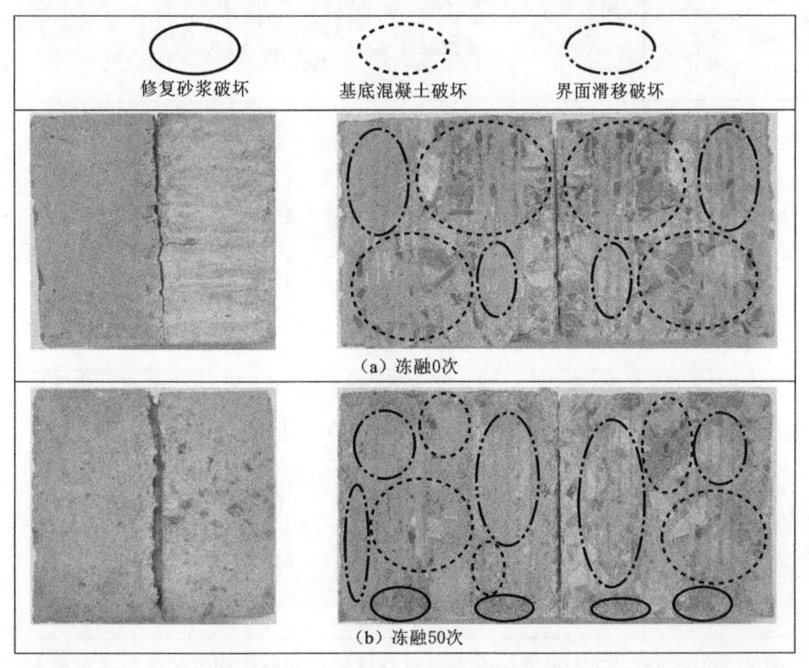

(a) 冻融0次

(b) 冻融50次

图 7-28（一） 金属砂浆—混凝土组合试样在冻融作用下的剪切破坏形态

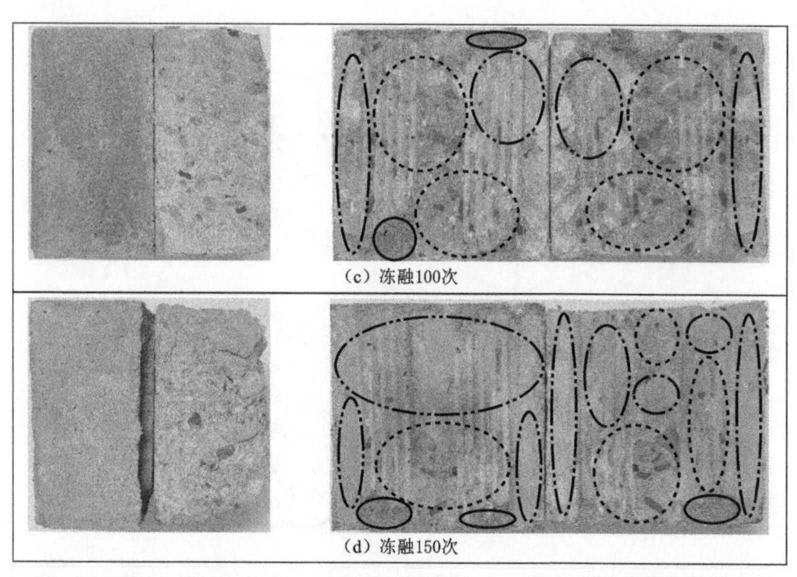

图7-28（二） 金属砂浆—混凝土组合试样在冻融作用下的剪切破坏形态

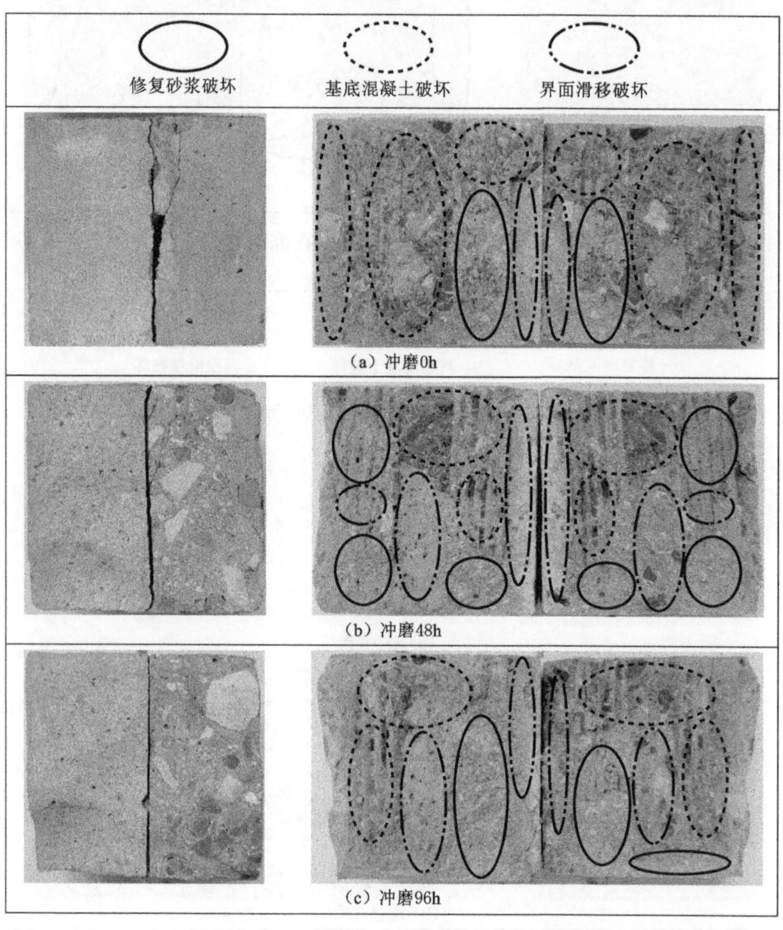

图7-29（一） EVA砂浆—混凝土组合试样在冲磨作用下的剪切破坏形态

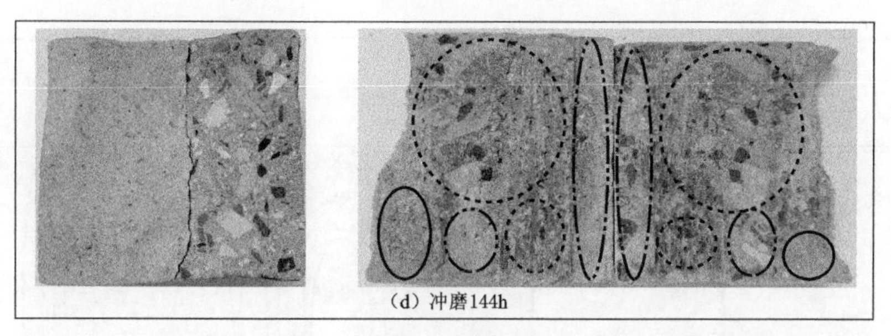

图 7-29（二） EVA 砂浆—混凝土组合试样在冲磨作用下的剪切破坏形态

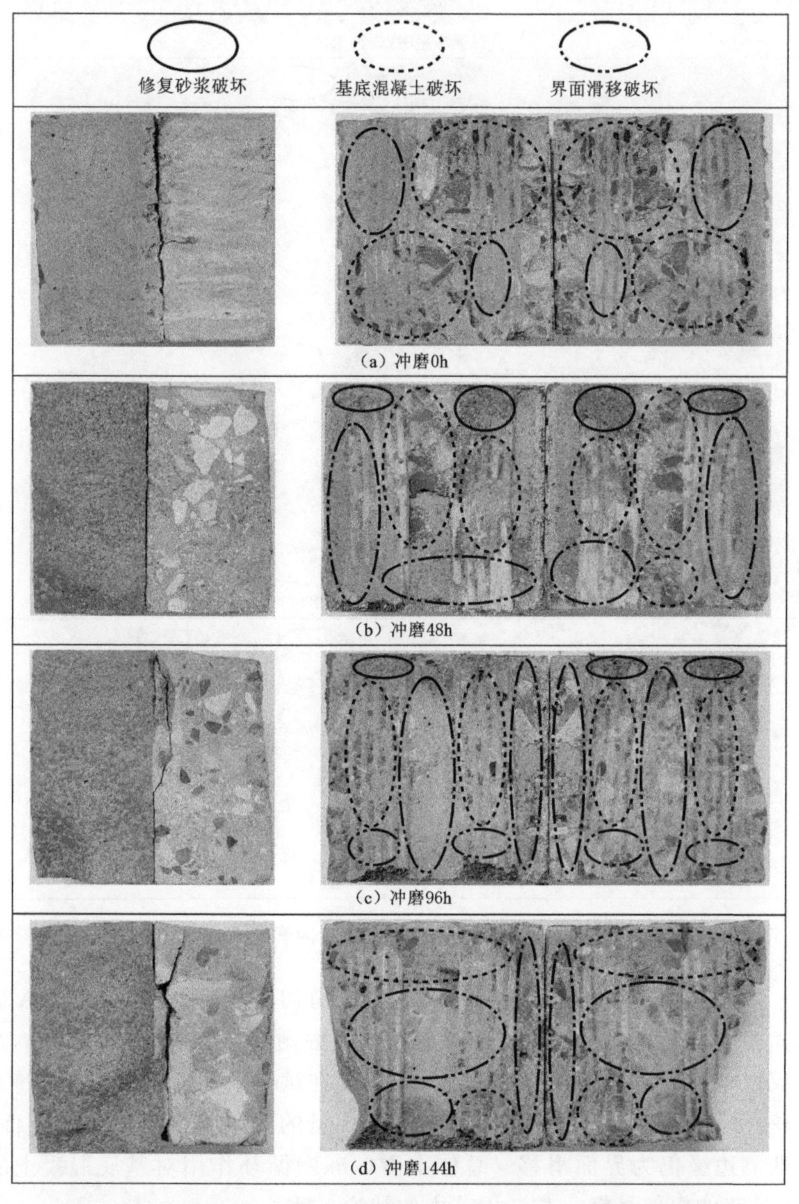

图 7-30 金属砂浆—混凝土组合试样在冲磨作用下的剪切破坏形态

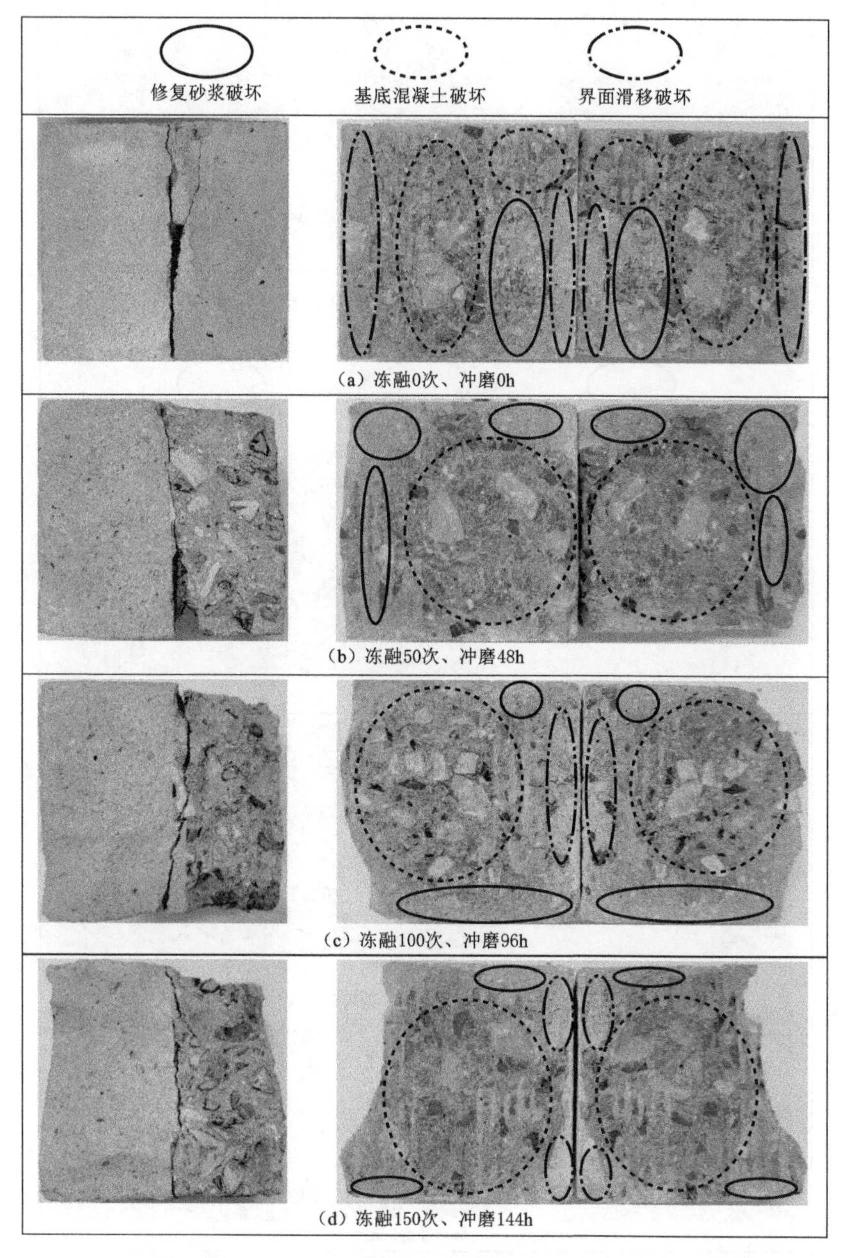

图 7-31　EVA 砂浆—混凝土组合试样在冻融与冲磨交替作用下的剪切破坏形态

由图 7-27 可知，在冻融循环次数为 0 次时，剪切破坏主要发生在 EVA 砂浆和基底混凝土内部，剪切面左右边缘处出现界面滑移。冻融循环次数为 50 次和 100 次时，界面滑移破坏不仅发生在剪切面左右两侧边缘，还出现在试样中间的切槽内。在冻融次数达到 150 次时，剪切面中间为大面积的混凝土破坏，大量的粗骨料被剪断，剪切面变得粗糙，剪切面左右两侧边缘仍为界面滑移。总体上看，冻融循环作用对基底混凝土的损伤最严重，对 EVA 砂浆的损伤最轻，与 7.1 节中的结论一致。

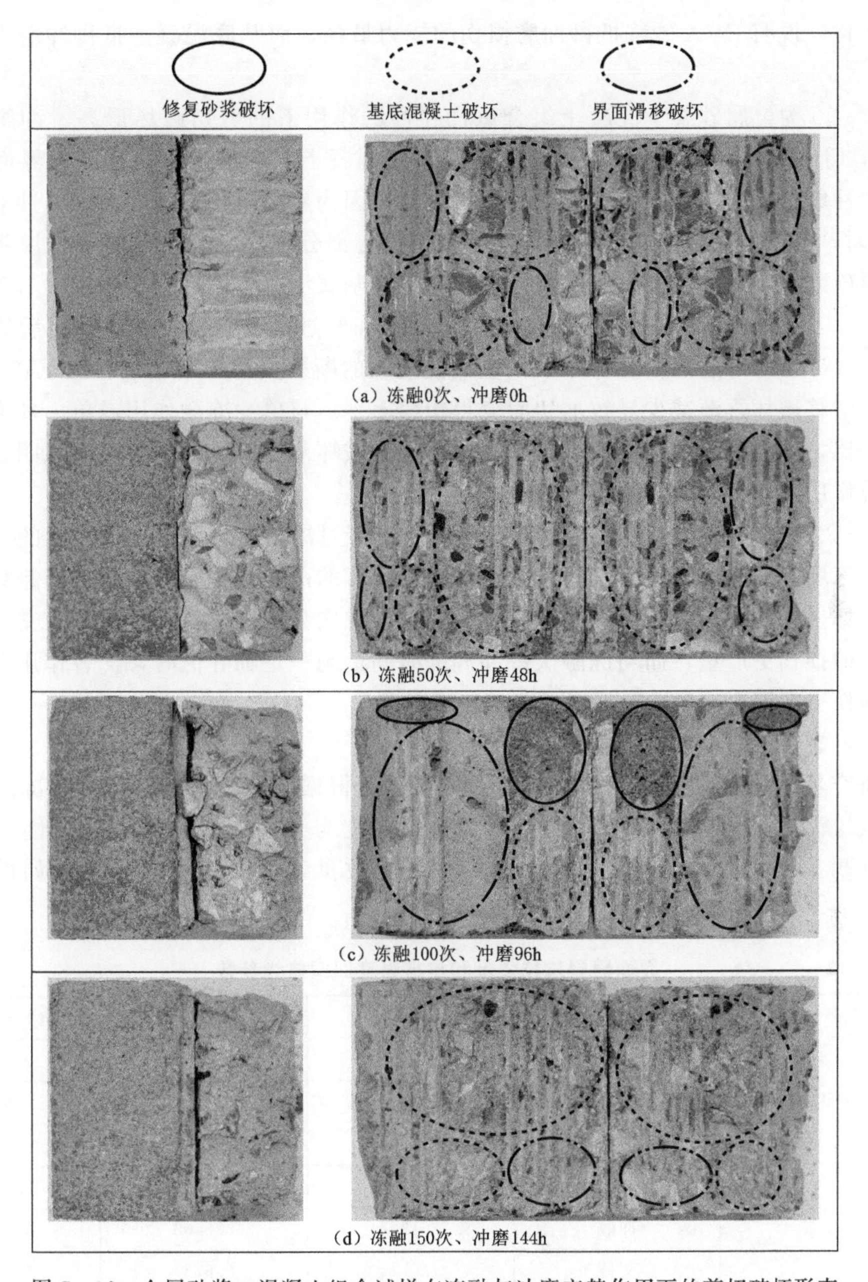

图 7-32　金属砂浆—混凝土组合试样在冻融与冲磨交替作用下的剪切破坏形态

由图 7-28 可知，随冻融次数增加，金属砂浆—混凝土组合试样的界面滑移破坏明显增多，基底混凝土破坏减少。冻融循环 150 次后，剪切破坏主要来自于大面积的界面滑移和部分基底混凝土断裂，但仍有少量的金属砂浆被剪断。这与试样劈裂面的演化规律基本一致。

图 7-29 为 EVA 砂浆—混凝土组合试样在冲磨作用下的剪切破坏形态。可以发现，随着冲磨时间的增长，EVA 砂浆的破坏变少，基底混凝土的破坏增加，而界面滑移破坏

无明显变化。说明 EVA 砂浆抵御冲磨损伤的能力最强，而基底混凝土抵御冲磨损伤的能力最弱。

图 7－30 为金属砂浆—混凝土组合试样在冲磨作用下的剪切破坏形态。冲磨时间为 0h 时，剪切面上大量的基底混凝土被剪断，基底混凝土的切槽内也小范围的界面滑移破坏。随着冲磨试验的进行，剪切面变得更平整，是因为界面滑移破坏的增多。冲磨时间达到 144h 时，剪切破坏主要来自于界面滑移，但仍有部分基底混凝土的断裂。说明冲磨作用对金属砂浆与基底混凝土黏结界面的损伤比其对基底混凝土的损伤要严重。

图 7－31 反映了 EVA 砂浆—混凝土组合试样在经过冻融与冲磨交替作用后的剪切破坏形态。在冻融与冲磨的交替作用下，基底混凝土的断裂面积不断增加，而 EVA 砂浆破坏和界面滑移破坏逐渐减少导致剪切面变得粗糙不平。与单一冻融作用或单一冲磨作用下的情况相比，在经历过交替作用后，基底混凝土的破坏范围更大且更集中，说明冻融与冲磨的交替作用造成了基底混凝土内部更严重的损伤。

图 7－32 反映了金属砂浆—混凝土组合试样在经过冻融与冲磨交替作用后的剪切破坏形态。在冻融与冲磨的交替作用下，基底混凝土破坏的范围呈先减小后增加的趋势，而界面滑移破坏呈现先增加后较少的趋势。这说明在冻融次数和冲磨时间较少时，交替作用对黏结界面的损伤更严重，而当冻融次数和冲磨时间达到一定临界值时，交替作用对混凝土界面的损伤更严重。

界面劈裂抗拉强度和抗剪强度的关系如下。

为研究界面劈裂抗拉强度和抗剪强度的关系，根据试验结果分别对单一冻融、单一冲磨以及冻融与冲磨作用下试样界面劈裂抗拉强度与界面抗剪强度进行线性拟合，所得的界面劈裂抗拉强度和抗剪强度回归曲线参数见表 7－12，关系曲线如图 7－33 所示。

表 7－12　　　　界面劈裂抗拉强度和抗剪强度回归曲线参数

砂浆名称	试验条件	斜率 a	截距 b	相关系数 R^2
EVA 砂浆	冻融	1.2933	−0.3073	0.9742
	冲磨	1.3317	0.1786	0.9571
	交替	0.9556	1.1939	0.9593
金属砂浆	冻融	1.6836	0.8929	0.9825
	冲磨	2.1287	0.6400	0.9728
	交替	1.6747	0.6787	0.9927

根据表 7－12 和图 7－33 可以看出，在单一冻融、单一冲磨以及冻融与冲磨交替作用下，EVA 砂浆—混凝土组合试样界面劈裂抗拉强度与界面抗剪强度的相关系数 R^2 分别为 0.9742、0.9571、0.9593，金属砂浆—混凝土组合试样界面劈裂抗拉强度与界面抗剪强度的相关系数 R^2 分别 0.9825、0.9728、0.9927，均高于 0.95，说明试样的界面劈裂抗拉强度与界面抗剪强度有非常高的相关性。在单一冻融条件下时，EVA 砂浆—混凝土组合试样的界面劈裂抗拉强度与界面抗剪强度之间相关性最高。在冻融与冲磨的交替作用下，金属砂浆—混凝土组合试样的界面劈裂抗拉强度与界面抗剪强度之间相关性最高。在

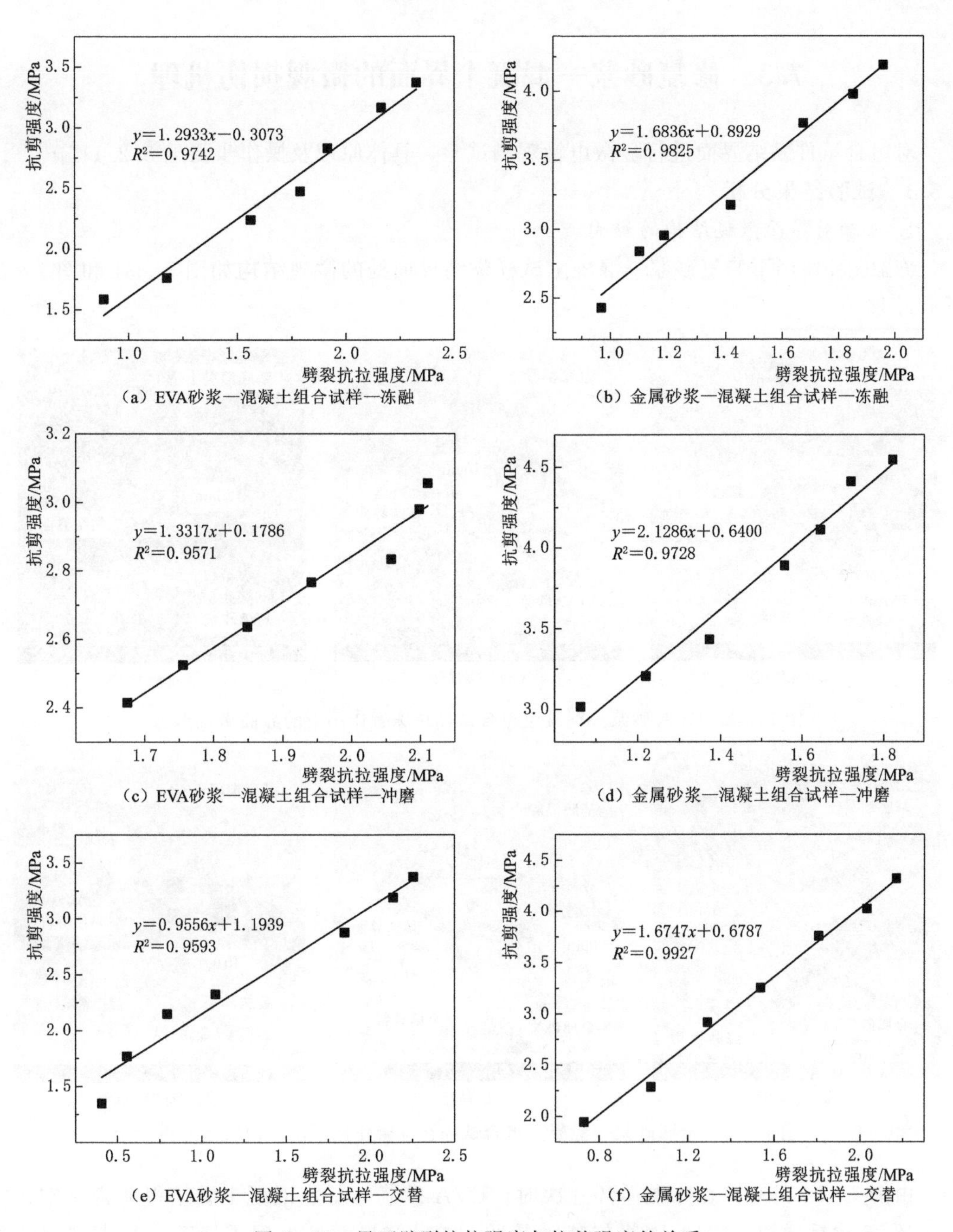

图 7-33　界面劈裂抗拉强度与抗剪强度的关系

单一冻融、单一冲磨以及冻融与冲磨交替作用下，EVA 砂浆—混凝土组合试样界面劈裂抗拉强度与界面抗剪强度线性拟合后的直线斜率分别为 1.2933、1.3317、0.9556，金属砂浆—混凝土组合试样界面劈裂抗拉强度与界面抗剪强度线性拟合后的直线斜率分别为 1.6836、2.1287、1.6747。在单一冲磨条件下，拟合直线的斜率最高，说明在冲磨作用下，试样界面劈裂抗拉强度下降相同的数值时，抗剪强度下降的值最大。

7.3 修复砂浆—混凝土界面的微观损伤机理

对组合试件黏结界面进行显微电镜观测试验，具体原理及操作步骤见3.2.11节。

7.3.1 试验结果分析

1. 冻融对界面微观结构的影响

冻融循环作用下修复砂浆—混凝土试样黏结界面处的微观结构如图7-34和图7-35所示。

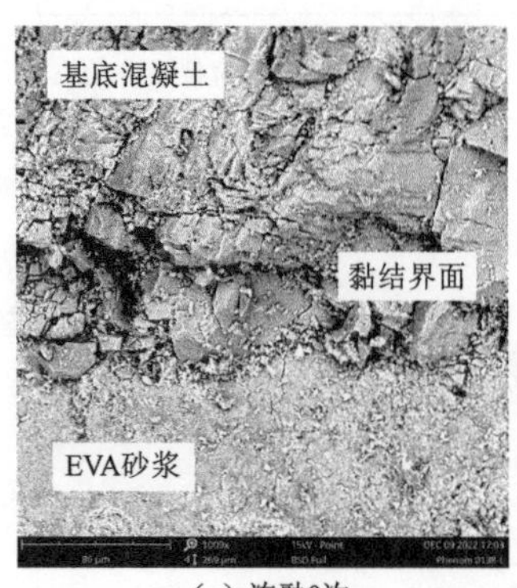

(a) 冻融0次

(b) 冻融75次

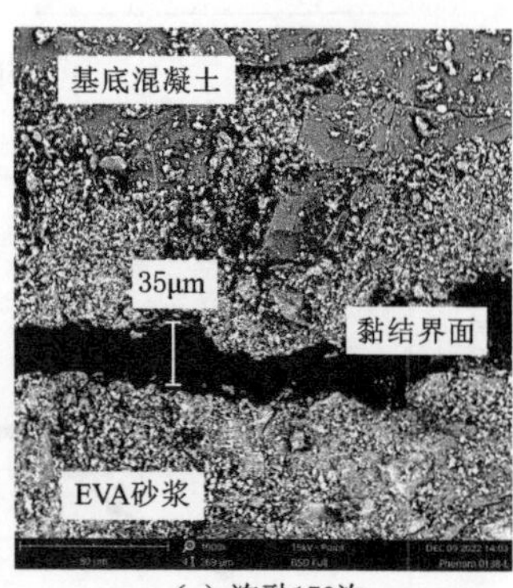

(c) 冻融150次

图7-34 EVA砂浆—混凝土组合试样在冻融作用下的界面微观形态

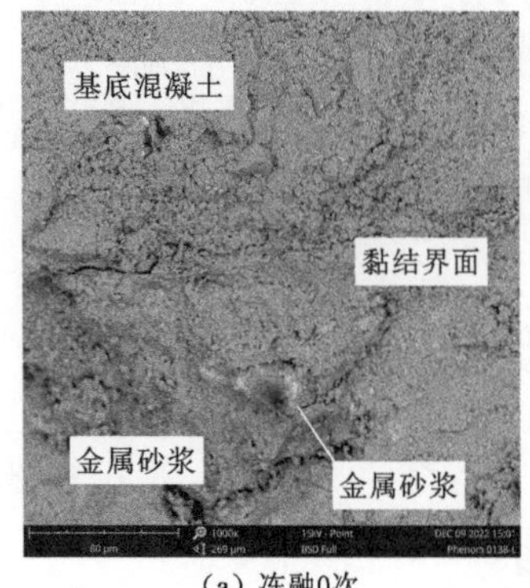

(a) 冻融0次

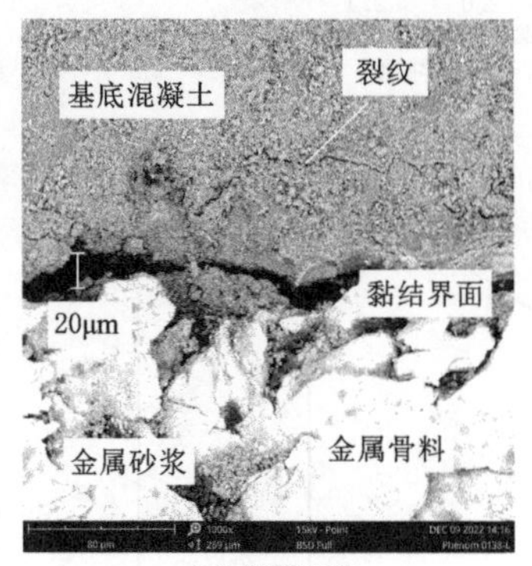

(b) 冻融75次

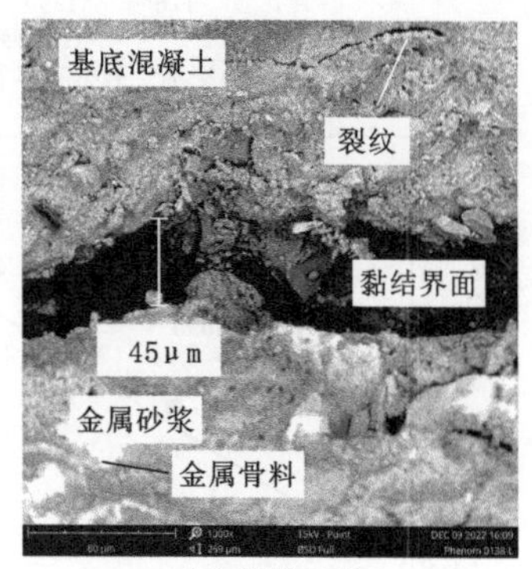

(c) 冻融150次

图7-35 金属砂浆—混凝土组合试样在冻融作用下的界面微观形态

由图7-34可知，在冻融循环0次时，EVA砂浆与基底混凝土黏结得非常紧密，冻融循环75次后增加，EVA砂浆与基底混凝土的黏结界面处出现了缝隙（最大宽度约为10μm），冻融循环150次后，黏结界面处最大宽度达到了35μm。由图7-35可以看出，在冻融作用下，基底混凝土出现了裂纹，随冻融循环次数增加，金属砂浆与基底混凝土黏结界面的宽度也在不断增加，冻融循环150次后，基底混凝土断裂，界面最大宽度约为45μm。可以发现，冻融作用不仅导致黏结界面宽度增加，还直接导致基底混凝土内部产生了较多的裂纹。可以发现，在冻融循环75次后，金属砂浆—混凝土试样的界面宽度就达到了20μm，而EVA砂浆—混凝土试样的界面最大宽度仅为10μm，说明在冻融次数较少时，金属砂浆与基底混凝土之间的界面就受到了严重损伤。

冻融循环次数相同时，与EVA砂浆—混凝土试样相比，金属砂浆与基底混凝土之间表现出更大的界面宽度，说明金属砂浆—基底混凝土界面更易受到冻融损伤而脱黏。由7.1节和7.2节可知，在单一冻融作用下，EVA砂浆—混凝土试样的界面劈裂抗拉强度和抗剪强度损失率更高。出现这种结果的原因是：EVA砂浆强度较低，在冻融作用下，EVA砂浆内部结构容易受损导致强度快速下降，而金属砂浆具有较高的抗压强度，不易受冻融损伤，即使金属砂浆与基底混凝土之间的界面宽度较大，金属砂浆与混凝土之间的黏结力仍高于EVA砂浆与基底混凝土的黏结力。

2. 冲磨对界面微观形态的影响

冲磨作用下修复砂浆—混凝土试样黏结界面处的微观形态如图7-36和图7-37所示。

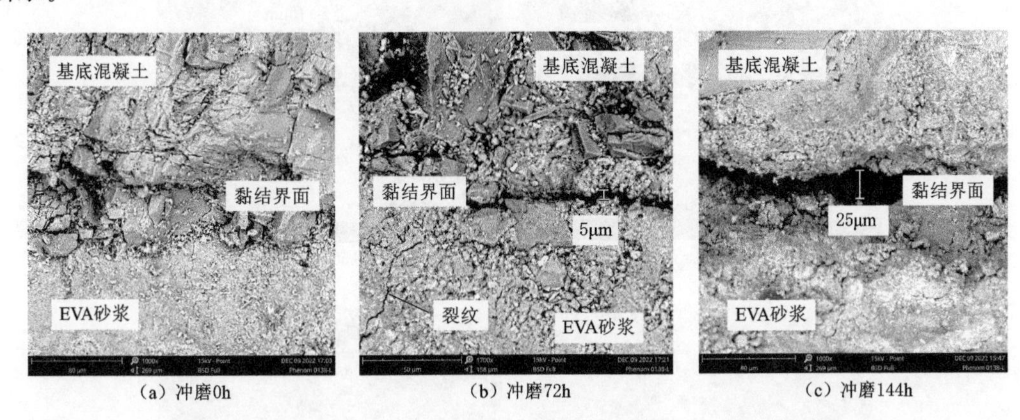

(a) 冲磨0h (b) 冲磨72h (c) 冲磨144h

图7-36 EVA砂浆—混凝土组合试样在冲磨作用下的界面微观形态

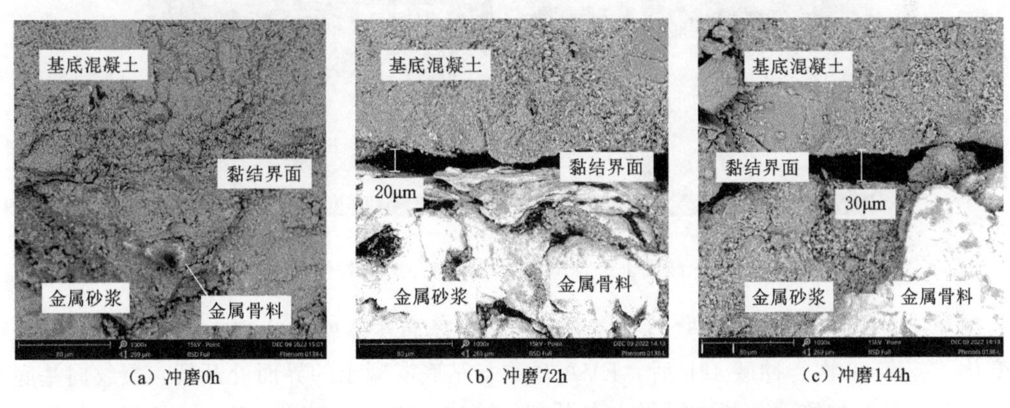

(a) 冲磨0h (b) 冲磨72h (c) 冲磨144h

图7-37 金属砂浆—混凝土组合试样在冲磨作用下的界面微观形态

由图7-36可知，冲磨72h后EVA砂浆与基底混凝土之间黏结界面出现了宽度约为5μm裂缝，冲磨144h后，EVA砂浆与基底混凝土黏结界面处的最大宽度达到了25μm，开始出现脱空现象。由图7-37可知，随冲磨时间的增加，金属砂浆与基底混凝土的界面宽度呈增大趋势，冲磨72h后，黏结界面最大宽度约为20μm，冲磨144h后，界面裂缝向混凝土内部发展，造成基底混凝土的断裂，裂缝最大宽度约为30μm。在冲磨时间相同时，金属砂浆与混凝土之间的界面宽度更大，说明金属砂浆—混凝土组合试样的黏结界面更易受冲磨作用的损伤而脱黏。与单一冻融条件下的情况相似，当冲磨时间较少时，金属砂浆—混凝土试样就已经表现出较大的界面宽度，原因可能是金属砂浆的体积稳定性较差，导致金属砂浆与基底混凝土黏结面不够紧密。

3. 冻融与冲磨交替作用对界面微观结构的影响

冻融与冲磨交替作用下修复砂浆—混凝土试样黏结界面处的微观结构如图7-38和图7-39所示。

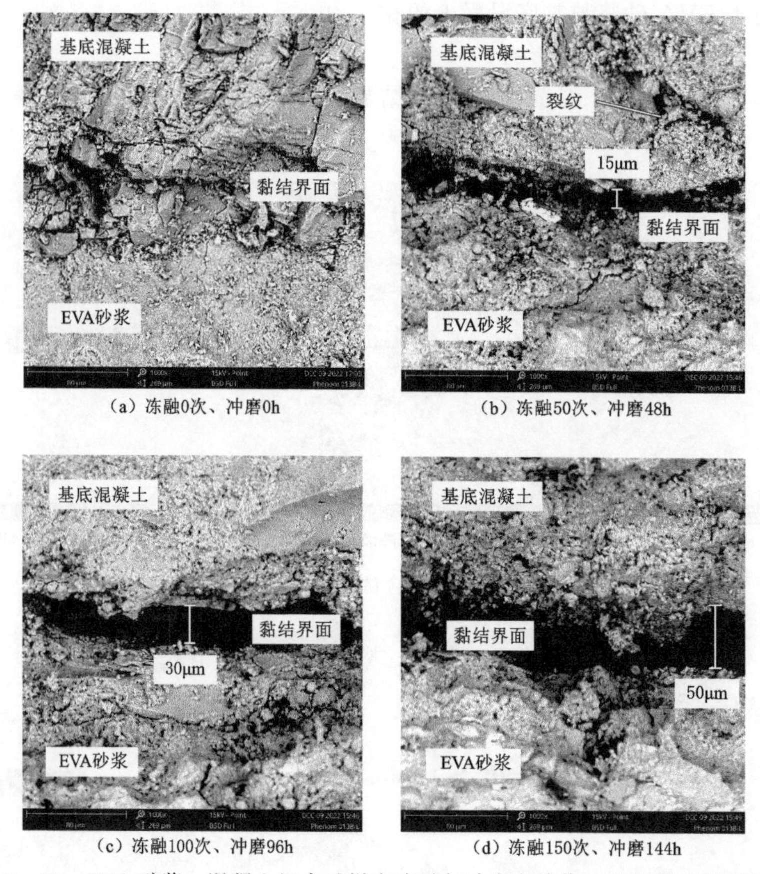

(a) 冻融0次、冲磨0h　(b) 冻融50次、冲磨48h

(c) 冻融100次、冲磨96h　(d) 冻融150次、冲磨144h

图7-38　EVA砂浆—混凝土组合试样在冻融与冲磨交替作用下的界面微观形态

图7-38反映了EVA砂浆与基底混凝土黏结界面在冻融与冲磨交替作用下的微观结构变化。冻融50次、冲磨48h后，EVA砂浆与基底混凝土的界面处开裂，裂纹向基底混凝土内部扩展，导致部分基底混凝土也开裂。冻融100次、冲磨96h后，EVA砂浆与基底混凝土出现明显脱空，随着冻融次数和冲磨时间的增加，界面宽度增大，EVA砂浆与混凝土界面最大宽度约为50μm。除了使界面扩张外，冻融和冲磨的耦合作用还导致砂浆和基底混凝土结构变得疏松。

图7-38反映了金属砂浆与基底混凝土黏结界面在冻融与冲磨交替作用下的微观结构变化。随着则冻融次数和冲磨时间的增加，金属砂浆与基底混凝土的界面宽度呈现出增大的趋势。冻融50次、冲磨48h后，基底混凝土内部以及金属砂浆与基底混凝土界面处出

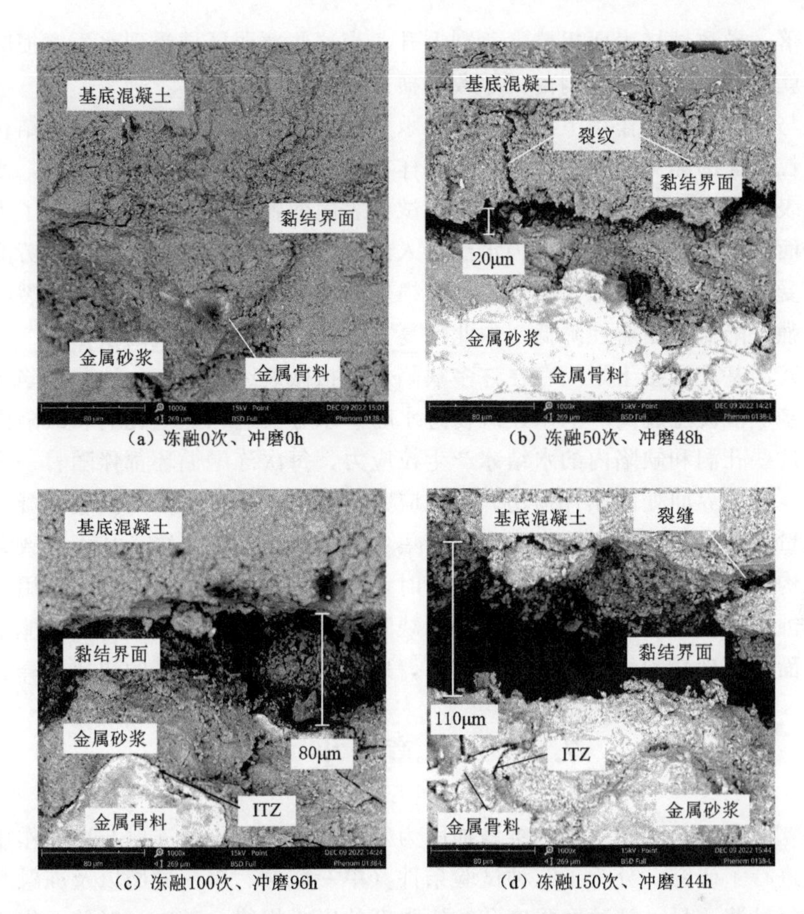

(a) 冻融0次、冲磨0h　(b) 冻融50次、冲磨48h

(c) 冻融100次、冲磨96h　(d) 冻融150次、冲磨144h

图 7-39　金属砂浆—混凝土组合试样在冻融与冲磨交替作用下的界面微观形态

现明显的裂缝。冻融 100 次、冲磨 96h 后，黏结界面宽度明显增大，金属骨料与砂浆基质之间的界面过渡区宽度也增大，界面最大宽度约为 80μm。冻融 150 次、冲磨 144h 后，基底混凝土与金属砂浆变得松散，有部分基底混凝土脱落，黏结界面进一步变宽，界面最大宽度约为 110μm。可以发现，三种试验条件对修复砂浆—混凝土界面的损伤程度由大到小依次为：交替作用、冻融作用、冲磨作用。在条件相同时，与 EVA 砂浆—混凝土试样相比，金属砂浆—混凝土试样的界面宽度更大。

7.3.2　损伤机理分析

本节结合现有研究以及本章的研究结果，对冻融与冲磨耦合作用下试样的损伤机理进行了分析：

冻融循环过程中，冷冻过程产生的膨胀力会对砂浆基体造成整体损伤，砂浆基体中的微孔结构由于冰胀力的作用而变得疏松，基底混凝土中骨料与砂浆基质界面过渡区也会受损。试样在饱水状态下，孔隙中的水遇冷结冰时发生体积膨胀，孔隙周围产生拉应力，在融化过程中，拉应力消失，当拉应力超过材料强度时，材料内部会开裂，所以冻融损伤的本质是累计损伤[6]。冻融作用首先破坏的是材料表面的基体，冻融循环次数较少时，冻融损伤的积累较少，只有少量的基体剥落，当冻融损伤累积到一定程度时，混凝土基体和骨料会同时剥落，导致试样表面粗糙度急剧上升，当这些薄弱区域受到水力磨损时，在磨损的初始阶段就会发生大规模的剥落，导致磨损范围更大[20]。

在冻融与冲磨的交替作用下，试样首先承受冻融循环造成的损伤，表面结构劣化变得疏松，抗颗粒碰撞的能力降低；冻融后的试样在遭受水流携推移质的冲磨时，水流中的推移质对试样表面造成切削、冲击等作用，将试样表面的颗粒快速去除，造成了大范围的冲坑。试样表面颗粒被去除后，不仅为水流进入试样内部提供了便利，而且疲劳磨损也会导致结构内部受损，使试样抗冻性减弱。冻融损伤累积会导致试样内部产生微裂纹，造成孔隙率增加和强度降低，耐磨性降低。如此反复交替，造成了更严重的损伤。

修复砂浆与基底混凝土之间存在许多缺陷，包括微裂纹和孔隙，这些缺陷导致修复材料很容易与基底混凝土脱离。泄水建筑物过水时，水分会进入这些孔洞和缺陷内，环境温度下降时，这些孔洞和缺陷内的水结冰产生拉应力，每次冻融循环都伴随着一次拉应力的产生和消失，造成界面处的累计损伤。在拉应力作用下，修复砂浆与基底混凝土界面处的间隙中的大量微裂缝从稳定裂缝发展为具有集中应力的不稳定裂缝，从而导致裂缝扩展并破坏整个结构。当界面黏结强度小于拉应力时，界面脱黏。冻融后的冲磨作用造成的材料表面快速剥蚀，不仅为水流进入这些孔洞和缺陷提供了便利，推移质的冲击能量也会使试样内部和界面处出现微裂纹，加剧冻融损伤，造成了界面黏结强度的快速下降。

7.4　本　章　小　结

本章以寒冷地区泄水建筑物的维修加固为工程背景，首先对冻融与冲磨作用下修复砂浆的耐久性进行了研究，分析了三种试验条件（单一冻融、单一冲磨以及冻融与冲磨交替作用）对修复砂浆质量、抗冲磨强度和抗压强度的影响规律。其次，对单一作用和交替作用下修复砂浆—混凝土组合试样的耐久性进行了研究，分析了组合试样界面力学性能的劣化规律。最后，借助扫描电子显微镜对修复砂浆与基底混凝土黏结界面的微观形态进行了研究。主要的研究结论如下：

（1）与单一作用相比，冻融与冲磨的交替作用会使 EVA 砂浆和金属砂浆发生更严重的劣化，与 EVA 砂浆相比，金属砂浆表现出更高的抗冲磨性能和抗冻性。随着冻融次数或冲磨时间增加，两种修复砂浆质量、抗冲磨强度和抗压强度均呈下降趋势。经过冻融后的修复砂浆表现出更低的抗冲磨性能，具体表现为更大的磨蚀深度和更低的抗冲磨强度。单一冲磨作用下，砂浆抗压强度损失率先减小后增大；单一冻融或交替作用下，砂浆抗压强度损失率不断增加；三种试验条件下砂浆抗压强度损失率由高到低依次为：交替＞冻融＞冲磨。两种修复砂浆抗冲磨强度与砂浆抗压强度呈正相关关系，但冻融作用会削弱这种正相关关系。

（2）与单一作用相比，冻融与冲磨的交替作用会使修复砂浆—混凝土组合试样发生更严重的劣化，与 EVA 砂浆—混凝土试样相比，金属砂浆—混凝土试样表现出更高的抗冲磨性能和抗冻性。在冲磨作用下，试样表面出现冲坑，冲磨时间相同时，基底混凝土的磨蚀深度最大，金属砂浆的磨蚀深度最小。冻融与冲磨的交替作用使修复砂浆—混凝土组合试样出现了更深的冲坑、更大孔洞，还导致基底混凝土中界面过渡区的宽度明显增大。冲磨过程中，磨损往往首先发生在试样表面上的孔洞等薄弱位置，这些薄弱位置首先出现小冲坑，冲坑承受了大部分推移质的冲击能量，导致冲坑不断加深和扩大，而冻融与冲磨的耦合作用加快了损伤过程。在三种试验条件下，随着冻融次数或冲磨时间的增加，试样的质量损失表现出逐渐加快的趋势。随冲磨时间增加，试样的抗冲磨强度呈下降趋势，遭受冻融与冲磨交替作用的试样表现出更低的抗冲磨强度。

（3）随着冻融次数或冲磨时间的增加，试样的界面劈裂抗拉强度损失率与抗剪强度损失率不断增长。不同试验条件下界面劈裂抗拉强度和抗剪强度劣化速度由大到小依次为：交替＞冻融＞冲磨。单一冻融和单一冲磨条件下，EVA砂浆—混凝土组合试样破坏面上的界面滑移破坏无明显变化，而金属砂浆—混凝土组合试样破坏面上的界面滑移破坏不断增多。在冻融与冲磨的交替作用下，试样界面破坏形态的变化主要表现为：基底混凝土破坏先减少后增多、界面滑移破坏先增多后减少的趋势。

（4）在单一冻融作用下，两种修复砂浆与基底混凝土黏结界面处的宽度不断增大，界面处裂缝向基底混凝土发展导致混凝土开裂。单一冲磨作用下，EVA砂浆与基底混凝土之间黏结界面出现裂缝，当冲磨时间增加时，裂缝发展但EVA砂浆与基底混凝土之间没有出现明显的脱空，而金属砂浆与基底混凝土界面宽度增大且出现脱空现象。冻融与冲磨的交替作用使修复砂浆—基底混凝土界面产生了更严重的损伤。在交替作用下，砂浆与基底混凝土的界面宽度更大，砂浆和混凝土基质变得松散，金属骨料与砂浆基质的界面过渡区变宽。冻融次数或冲磨时间相同时，金属砂浆—混凝土试样表现出更大的界面宽度。

第8章 结论与展望

8.1 结　论

水工混凝土是水利工程建设的基础材料，其质量直接关系水利设施的安全与稳定。而水工混凝土的修复工作，更是保障水利设施长久运行的关键环节。深入探讨水工混凝土的性能及修复技术，对于提升水利工程质量、维护水资源安全具有重要意义。因此，本书选取聚氨酯类修复砂浆为研究对象，开展了“泄水建筑物表面聚氨酯类修复砂浆的耐久性能”课题的研究。采用室内试验和理论分析等手段，分析了典型水工建筑物在自然环境下的破坏情况、破坏机理及修复处理，选取了自然环境下影响水工混凝土结构耐久性的环境因素（冻融、硫酸盐及冲磨）的组合，开展了聚氨酯类修复砂浆的耐久性能试验，以及修复材料—混凝土冻融循环试验、冻融循环与硫酸盐侵蚀双重作用试验、冻融循环与冲磨作用双重作用试验。并借助电镜扫描、XRD分析、X射线衍射等分析系统，对聚氨酯修复砂浆—混凝土经过复合侵蚀前后的微观结构特征和内部孔隙信息进行分析。结合现有研究以及本书的研究结果，对不同复合作用下试样的损伤机理进行了分析。本书所取得的主要研究成果和结论如下：

（1）采用试验研究的方法，深入探讨了聚氨酯类修复砂浆的耐久性能。试验结果显示，不同材料在应对环境因素时效果各异。因此，在实际水利工程中，应依据工程特点和环境条件，合理选择使用聚氨酯类修复砂浆，以确保水工混凝土结构的长期安全稳定。

（2）采用试验研究的方法，开展了聚氨酯修复砂浆—基底混凝土冲击试验；采用扫描电镜试验仪，对比分析聚氨酯修复砂浆与基底混凝土黏结界面的微观形态。试验结果表明，聚氨酯修复砂浆具有良好的抗冲击性能，并且与基底混凝土相容性较好，适用于修复水工混凝土结构。在聚氨酯修复砂浆的实际修复工程应用中，由于砂浆凝结时间较短，应现场搅拌，立刻浇筑，养护时间7d及7d以上为宜。界面粗糙度、饱水度对黏结强度有显著影响，最佳的粗糙度为3mm，最佳饱水度为0。修复层厚度与修复后结构的抗冲击强度呈正相关，在经济合理的情况下适当提高修复层厚度能够提高结构的抗冲击性能。

（3）采用试验研究的方法，对2种金属骨料砂浆（金属骨料水泥基砂浆、金属骨料聚氨酯砂浆）进行砂浆本体的耐久性研究，开展金属骨料砂浆—基底混凝土界面耐久性试验，对经历硫酸盐干湿—盐冻交替循环后的组合试件界面处的微观结构及化学成分进行分析研究。试验结果表明，金属骨料水泥基砂浆与金属骨料聚氨酯砂浆均具有较高的抗渗性和较低的吸水率。相比于金属骨料水泥基砂浆，金属骨料聚氨酯砂浆在2种硫酸盐溶液（5%Na_2SO_4、5%$MgSO_4$）中经历干湿循环作用及盐冻融循环作用后的质量损失率、抗压强度变化幅度更小，抗侵蚀能力更出色。金属骨料砂浆—基底混凝土组合试件界面抗剪强度变化规律可以分为2个阶段。①强度提高阶段：基底混凝土的内部及混凝土与砂浆界面处的孔隙被侵蚀产物和结晶盐填补，对组合试件有一定的加强作用；②强度降低阶段：在干湿循环过程中侵蚀产物的膨胀力和硫酸盐结晶压力对孔隙结构造成一定程度的破坏，在盐冻融循环过程中除侵蚀产物、盐结晶造成的膨胀应力外还有冻融产生的冻胀力作用于孔隙结构，使组合试件界面抗剪强度降低。金属骨料水泥基砂浆—基底混凝土的初始剪切破坏模式为修复材料与基底混凝土混合破坏模式，随着侵蚀时间增加，其破坏模式转变为基底混凝土凝聚力破坏模式；金属骨料聚氨酯砂浆—基底混凝土在经历侵蚀前后的剪切破坏模式均为基底混凝土凝聚力破坏模式。硫酸盐干湿循环和冻融循环交替作用对金属骨料砂浆—基底混凝土组合试件界面耐久性能的影响不是简单的叠加效应，而是两种因素相互促进，加速劣化。

(4) 采用试验研究的方法，深入剖析了冻融与冲磨单一及交替作用下修复砂浆及修复砂浆—混凝土组合试样的耐久性能。试验结果显示，相较于单一作用，冻融与冲磨的交替作用对修复砂浆及其与基底混凝土的组合试样造成了更为严重的劣化。金属砂浆在抗冲磨和抗冻性能方面表现优于EVA砂浆，其优异的物理性能和化学稳定性使其在恶劣环境下仍能保持良好性能。随着冻融次数和冲磨时间的增加，修复砂浆的质量、抗冲磨强度和抗压强度均显著下降，而界面在冻融与冲磨的共同影响下损伤严重，界面宽度增大，砂浆与混凝土基质变得松散甚至出现脱空现象。

8.2 展　　望

聚氨酯类修复砂浆作为一种新型的修复材料，近年来在水工混凝土修复领域得到了广泛关注。其优异的物理性能和化学稳定性，使得它在应对复杂环境因素时展现出良好的耐久性能。然而，目前关于聚氨酯类修复砂浆及其修复界面在复合侵蚀作用下的耐久性能研究仍相对较少，尤其是关于多种环境因素耦合作用下的研究更为匮乏。冻融循环、硫酸盐侵蚀、冲磨作用是导致水工混凝土劣化的主要原因，其影响因素复杂，危害性大，研究范围广，复合侵蚀作用下水工混凝土耐久性研究是一项长期而艰巨的任务。本书针对修复砂浆、修复砂浆—混凝土组合试样进行黏结强度试验、冻融循环试验、冻融循环与硫酸盐侵蚀双重作用试验、冻融循环与冲磨双重作用试验等进行了一定的研究，综合已有研究成果，不难发现仍有许多问题需要进一步完善和研究。在今后的研究中，认为主要有以下几点需要继续进行研究：

(1) 本书中所涉及试验在复合侵蚀作用过程中只考虑两个因素对于水工混凝土耐久性能的影响，而在实际工程中，水工混凝土结构多处于环境恶劣的条件下，因此建议进一步研究修复材料与复合试样在碳化、冻融循环和盐类侵蚀渗透等条件下的黏结和抗冲击性能的影响变化规律。

(2) 在聚氨酯砂浆试件制备成型过程中，其固化反应放出热量较多，且聚合物砂浆中含有大量的高分子物质，性能受养护温度影响较大，因此建议进一步研究早期受冻温度、受冻持续时间和养护温度等因素对聚合物修复砂浆与基底混凝土的黏结性能、抗冲击性能以及耐久性能等的影响。

（3）针对修复砂浆—基底混凝土界面黏结耐久性的测试方法较多，如界面拉拔、劈裂抗拉等测试方法，在今后试验中可以运用这些方法对金属骨料砂浆—基底混凝土界面耐久性进行试验研究。

（4）在后续的试验研究中建议完善修复施工所采用的重要参数，如基底混凝土界面粗糙度、修复厚度等。

参考文献

[1] 涂天驰．超高性能混凝土的抗冲磨性能研究［D］．广州：华南理工大学，2018.

[2] FAN G，SHA F，YANG J，et al. Research on working performance of waterborne aliphatic polyurethane modified concrete [J]．Journal of Building Engineering，2022，51：104262.

[3] ZHENG H P，PANG B，JIN Z Q，et al. Durability enhancement of cement-based repair mortars through waterborne polyurethane modification：Experimental characterization and molecular dynamics simulations [J]. Construction and Building Materials，2024，438，137204.

[4] JIANG W L，ZHU H，HARUNA S I，et al. Mechanical properties and freeze-thaw resistance of polyurethane-based polymer mortar with crumb rubber powder [J]. Construction and Building Materials，2022，352，129040.

[5] 水工泄洪建筑物修复关键技术与应用研究总报告．第二册［R］．西安理工大学，2022.

[6] 龙羊峡李家峡水电站高速水流泄水建筑物过流面水毁修复加固技术总结［R］．国家电投青海黄河上游水电开发有限责任公司，2019.

[7] DL/T 5126—2021 聚合物改性水泥砂浆试验规程［S］．北京：中国电力出版社，2021.

[8] DL/T 5150—2017 水工混凝土试验规程［S］．北京：中国电力出版社，2017.

[9] JTS/T 236—2019 水运工程混凝土试验检测技术规范［S］．北京：人民交通出版社，2019.

[10] DL/T 5193—2021 环氧树脂砂浆技术规程［S］．北京：中国电力出版社，2021.

[11] GB/T 50082—2009 普通混凝土长期性能和耐久性能试验方法标准［S］．北京：中国计划出版社，2009.

[12] JGJ/T 70—2009 建筑砂浆基本性能试验方法［S］．北京：中国建筑工业出版社，2009.

[13] 贺新星．考虑紫外线辐射影响的高寒区面板混凝土耐久性研究［D］．西安：西安理工大学，2017.

[14] CECS 13：2009. 纤维混凝土试验方法标准［S］．北京：中国建筑工业出版社，2009.

[15] 李家峡水电站 2019 年左底孔泄水道修复项目监理竣工验收报告［R］．西安理工大学，2019

[16] WANG R，ZHANG Q，LI Y. Deterioration of concrete under the coupling effects of freeze - thaw cycles and other actions：A review [J]．Construction and Building Materials，2022，319：126045.

[17] 任旭，刘志超，WILL Hansen. 浅析混凝土的冻融破坏机理［J］．混凝土，2024（6）：12-18.

[18] WANG R，HU Z，LI Y，et al. Review on the deterioration and approaches to enhance the durability of concrete in the freeze-thaw environment [J]．Construction and Building Materials，2022，321：126371.

[19] QIU W L，TENG F，PAN S S. Damage constitutive model of concrete under repeated load after seawater freeze-thaw cycles [J]．Construction and Building Materials，2020，236：117560.

[20] ZHU X，BAI Y，CHEN X，et al. Evaluation and prediction on abrasion resistance of hydraulic concrete after exposure to different freeze-thaw cycles [J]．Construction and Building Materials，2022，316：126055.